Gaston de Saporta

L'Espèce dans le règne végétal

Science

ISBN : 978-1546489337

10 9 8 7 6 5 4 3 2 1

Gaston de Saporta

L'Espèce dans le règne végétal

Science

Table de Matières

Introduction

On ose à peine revenir sur l'espèce pour essayer de dire ce qu'elle est sous nos yeux et ce qu'elle a dû être dans le passé, tellement cette notion a soulevé de controverses et fait écrire de pages, soit en faveur des idées de Darwin ou de son école, soit à leur encontre de la part des adversaires du transformisme. Il semblerait donc que la question fût au nombre de celles qu'on délaisse comme épuisées. À voir les choses par le dehors seulement et telles qu'un homme du monde peut être tenté de les envisager, on aurait usé, de part et d'autre, de tous les arguments susceptibles d'être invoqués et le débat se trouverait clos par lassitude, sans qu'il y ait eu lieu de prononcer un jugement. Le « plus ample informé, » qui s'en remettrait aux enquêtes futures du soin de recueillir les éléments de l'arrêt à intervenir, n'a rien pourtant dont les partisans de la variabilité des êtres aient à s'alarmer outre mesure. Darwin, le promoteur et l'initiateur de l'évolution, est mort depuis bien peu d'années ; mais peut-on dire que le mouvement dont il a été le *leader* incontesté se soit ralenti immédiatement après lui ou dans le cours des années précédentes ? N'y a-t-il pas eu, bien au contraire, progrès évident, extension graduelle de la doctrine, apaisement en faveur du transformisme ? Les théories, il faut le dire, n'effarouchent pas comme au début. Ceux qu'offusquent les nouveautés, uniquement parce qu'elles changent ce qui leur paraissait établi ; tous ceux, — et le nombre en est grand d'un siècle à l'autre, — qui se hâtent d'écrire une thèse « contre les circulants » ou dont le mouvement de la terre trouble le sommeil, aussitôt qu'un Galilée s'avise d'en proclamer la réalité, ceux-là se taisent plutôt maintenant ; ils sentent confusément qu'ils touchent à l'heure du laisser passer. Les adeptes de l'évolution comprennent de leur côté que l'avenir et l'espace s'ouvrent devant eux : une perspective immense se déroule à perte de vue, comme si, à la sortie d'un étroit défilé, on avait à parcourir une plaine sans limite ; ils n'ignorent pas cependant que cette immensité même les oblige à choisir des points de repère, à partager le travail, à se disperser en éclaireurs, au moment d'aborder cette *terra incognita*, qui, sérieusement interrogée, leur livrera sans doute des indices et des documents de nature à déterminer les divers phénomènes d'où relève la filiation des êtres vivants.

Gaston de Saporta

Une des idées qui se présentent le plus naturellement à l'esprit, c'est celle des préjugés à vaincre, toutes les fois que l'homme se trouve dans le cas de percevoir une vérité assez complexe pour ne pouvoir être saisie du premier élan, destinée au contraire à se révéler par fragments, à l'exemple d'une inscription qu'il faut déchiffrer à plusieurs reprises avant d'en obtenir la lecture définitive. — Toutes les branches du savoir fournissent des démonstrations de cette façon partielle et successive de procéder, et chaque fois que, par un effort nouveau, l'homme se rapproche de la réalité, il se heurte à des résistances inévitables dont il doit triompher avant que la théorie ancienne cède la place à celle qui représente le progrès. En astronomie, en physique, en chimie, en linguistique aussi, les systèmes successifs ont été à leur heure l'expression significative de ce que l'homme avait imaginé de plus plausible pour expliquer des phénomènes dont les éléments ne lui étaient que très imparfaitement connus. Chaque fois, il donnait des noms et attribuait une réalité objective à des ressorts et à des combinaisons supposés, au moyen desquels il suppléait aux lacunes de ses connaissances. Il agissait comme quelqu'un qui, voyant tourner une roue, serait réduit à des hypothèses relativement à la nature du mécanisme destiné à la faire mouvoir et qu'un mur déroberait à sa vue. Plus l'observateur s'avancerait au-delà, plus il percerait d'ouvertures au travers du mur, plus aussi il deviendrait capable de saisir la raison d'être de l'appareil moteur, tandis que la plupart de ceux que les actes de l'explorateur auraient mis en défiance ou qui refuseraient de le croire s'en tiendraient, comme parfaitement suffisantes, aux explications dont ils s'étaient antérieurement contentés.

L'esprit humain n'a rien de transcendant dans ses modes de conception ni dans ses procédés. Il est surtout tatillon ; il va de l'analyse à la synthèse et de celle-ci revient encore à l'analyse, jusqu'à ce qu'il parvienne à enregistrer des résultats le plus souvent relatifs. L'analyse et l'induction lui fournissent ainsi les moyens ingénieux et alternatifs, quoique toujours bornés, de s'enquérir et de conclure. Mais la conclusion n'est rigoureuse que lorsque les prémisses même ont une suffisante étendue, et ces prémisses, la seule observation est en mesure de les procurer. Sont-elles incomplètes, les conclusions le seront aussi. Cette marche explique pourquoi le système de

Ptolémée, qui satisfaisait aux anciennes données de l'astronomie, a si longtemps été en faveur. Les Romains avaient connaissance de l'autre hypothèse ; mais elle ne leur paraissait ni admissible ni même discutable. Tant que le poids de l'atmosphère a été inconnu, on s'est contenté, pour expliquer l'ascension de l'eau dans une pompe, de l'axiome que la nature avait horreur du vide, et aussi longtemps que les propriétés de l'oxygène n'ont pas été expérimentalement définies, le phlogistique suffisait à ceux qui voulaient se rendre compte du phénomène de la combustion. Pourquoi en aurait-il été autrement lorsqu'il s'est agi d'apprécier l'espèce ? Soupçonnait-on, dans le court espace chronologique qui s'étend de l'ancienne Égypte aux portes du XIXe siècle, l'existence du facteur principal, à défaut duquel on ne saurait aborder utilement cette notion ? Nous voulons parler de la durée, de la durée prodigieusement longue des périodes, pendant lesquelles la nature a vécu, les animaux ont respiré, les plantes ont végété, sans jamais cesser de se multiplier à la surface du globe, en dehors de l'homme inconscient de cette vie antérieure à sa propre existence, en tant que créature raisonnable, attentive au spectacle de l'ordre extérieur, capable de remonter des effets aux causes et de reconstruire le passé.

C'est une méconnaissance d'un passé antérieur à lui qui a longtemps enlevé à l'homme la possibilité de comprendre l'espèce, et pourtant, aussitôt qu'il a réfléchi et considéré, il a aperçu des êtres vivants, plantes ou animaux, avec lesquels le soin de se défendre, l'obligation de se nourrir ou d'utiliser des services, ont bientôt établi des relations de jour en jour plus étroites et plus multipliées. C'est pour se rendre compte de ces relations que, soit à l'état sauvage, soit à l'état civilisé, l'homme n'a pas manqué de définir, au moins par le langage, la nature des êtres vivants qui l'entouraient. Il en a vu de pareils, naissant les uns des autres, formant des races susceptibles de se propager et ne différant entre eux que par de faibles nuances ; il en a remarqué d'autres, plus ou moins rapprochés des premiers, ayant avec eux des traits communs, alliés à une certaine somme de différences : de là les espèces et, au-dessus d'elles, les genres ou groupements d'espèces, puis les familles ou groupements de genres, réunis dans des cadres d'une hiérarchie plus élevée, mais aussi plus vaguement et moins régulièrement délimitée. — Ce sont là les vues que l'homme a naturellement adoptées dans sa conception des êtres vivants : étant donné ce qu'il savait et ce qu'il ignorait, il ne pouvait en avoir d'autres ; mais cette façon de juger, une fois appropriée à l'intelligence humaine, devait, pour ainsi dire, faire corps avec les opérations de l'esprit et s'incruster à lui, jusqu'au moment où l'expérience obligerait d'en rechercher une autre. C'est seulement de nos jours que l'expérience a prononcé et qu'il a bien fallu s'écarter des voies battues pour s'en frayer de nouvelles. Ce n'a été assurément ni sans efforts, ni sans lutte, que cette nécessité a prévalu. Mais comme l'esprit et le langage humains, façonnés depuis des siècles à certaines conceptions, ne les abandonnent jamais qu'à regret et que, longtemps même après le délaissement des anciennes idées, il en reste des épaves surnageant au naufrage, dont les formes du langage s'accommodent et qui ne sont pas sans exercer quelque influence, il n'est pas dénué d'intérêt de rechercher d'abord ce qu'était l'espèce aux yeux de l'homme instruit et du penseur, avant que la notion explicite de la durée, c'est-à-dire d'un passé très reculé, assigné comme origine aux êtres vivants, soit venue introduire une véritable révolution dans la façon raisonnée de les concevoir,

Section I.

L'espèce, — l'étymologie elle-même du mot le dit assez clairement, — est l'apparence particulière, ou, si l'on veut, la forme sous laquelle se montrent à nous les choses vivantes. Les individus qui se ressemblent assez pour présenter le même aspect sont aussi de la même espèce. Mais l'expérience a fait voir que l'identité morphologique entraînait le plus souvent la fécondité mutuelle. Cette fécondité devient ainsi un critérium, une épreuve décisive attestant en faveur des êtres qui la possèdent la présomption qu'ils appartiennent à une seule et même espèce. L'espèce, dans cet ordre d'idées, prend les caractères d'une race dont tous les membres se trouvent liés entre eux, comme se rattachant à une souche unique, à l'aide d'une filiation commune. Telle est la notion de l'espèce dans toute sa simplicité, conçue en dehors de la durée, c'est-à-dire abstraction faite de toute visée relative soit au passé géologique, soit aux données de la paléontologie, et c'est bien ainsi que, jusqu'à nos jours, les naturalistes, Cuvier en tête, l'avaient comprise.

Il faut dire pourtant que, même dans ces limites, et dans les âges où les sciences d'observation étaient à peine nées, l'idée d'espèce n'avait pas acquis le degré de clarté que nous venons de lui communiquer. Dans l'antiquité, par exemple, aux yeux de Pline le naturaliste, le terme de « genre, » en latin *genus*, semblait préférable, et l'écrivain l'emploie évidemment en lui attribuant le sens vague, mais compréhensible, de « sorte. » Nous disons d'un dessert abondamment servi : « On y remarquait plusieurs sortes de fruits ; » Pline ne va pas au-delà ; il prend les pommiers, les figuiers, la vigne, les érables, peupliers, etc., et il décrit ou énumère plusieurs *sortes* de chacun de ces arbres : *Fici aut vitis genera ; populi, aceris genera quatuor*, etc. Inutile d'ajouter que ce ne sont là ni des genres au sens propre du mot, ni même des espèces, mais des catégories plus ou moins définies, et, au dedans de chacune, non pas des espèces déterminées, mais de simples variétés. La même méthode est appliquée aux chênes, aux frênes, etc. Il existe, selon Pline, treize sortes d'arbres portant des glands, y compris le chêne ordinaire, le « cerris, » l'yeuse ou chêne vert, et même le hêtre ; quatre sortes de frênes, deux de tilleuls et quatre d'ormeaux (*de Ulmo Genera quatuor*). Il s'agit, en réalité, tantôt d'espèces et de variétés, tantôt de genres véritables. S'il est question de la division des arbres en genres, c'est par la considération de leurs feuilles caduques ou persistantes. Ce sont là assurément des divisions artificielles, de pures catégories, dirions-nous. Il est évident que c'est d'instinct seulement, et en se conformant à l'opinion vulgaire, que le groupement des arbres qui se ressemblent entre eux a été opéré, et, dans chacun des groupes, les différences se trouvent notées également d'instinct, sans chercher à préciser l'importance relative ni la nature des nuances particulières.

Après le moyen âge, soit que l'éducation de l'esprit humain se soit faite par degrés, ou qu'il se soit rencontré chez les races néolatines une aptitude spéciale aux sciences d'observation dont l'antiquité païenne, plus spéculative ou plus exclusivement littéraire, aurait été dépourvue, on remarque un incontestable progrès et l'idée de l'espèce individuelle, décrite à part, désignée par des caractères à elle, qui la distinguent soit de ses congénères, soit des autres formes vivantes, se dégage de plus en plus, en dépit des erreurs partielles et des défauts inhérents soit aux méthodes artificielles de classement alors en usage, soit à l'habitude de rattacher les études récentes à celles des anciens, si imparfaites que fussent ces dernières. Dans leur façon de désigner et de caractériser les plantes, Césalpin, G. Bauhin, plus tard Magnol, Tournefort, etc., ont une supériorité de jugement, d'appréciation et de classement des espèces que le génie seul de Linnée a pu dépasser ; mais celui-ci apportait avec lui la « méthode, » c'est-à-dire ce que les procédés de l'analogie ont en eux de plus ingénieux et de plus parfait. Esprit lumineux et puissant, ne reculant devant aucune difficulté, Linnée comprit la nécessité d'un ordre systématique, d'une coordination des genres, non plus fondée sur des à-peu-près et des similitudes extérieures, mais sur de vrais caractères soumis au contrôle d'une analyse sévère. Il ne découvrit pas seulement l'espèce ; mais, en faisant d'elle l'assise immuable de tout l'édifice botanique, en créant par elle la nomenclature, il s'attacha encore à la définir. Chez lui, cette définition est à la fois rigoureuse et philosophique : elle donne la mesure exacte des éléments dont disposait Linnée lorsqu'il la proposait au monde savant ; mais comment douter que, s'il eût dès lors possédé d'autres éléments d'appréciation, à lui inconnus et réservés à notre âge, qui en a eu la révélation, le savant suédois n'en eût tenu compte au moment de se prononcer sur un sujet aussi fondamental, lui si porté à tirer profit des moindres indices ? Voici comment s'exprime Linnée, à propos de l'espèce, dans son *Genera plantarum*, à la première page d'un ouvrage qui porte en tête cette épigraphe : « Les idées que j'exprime ne m'ont été suggérées ni par la préoccupation d'une vulgaire renommée, ni par la lecture des anciens auteurs, mais par le travail et l'étude, auxquels j'ai sacrifié tous mes loisirs ; c'est d'eux que je tiens mon savoir. » Il ajoute : « Il y a autant d'espèces que de formes diverses originairement produites par l'Être infini. » Voilà le principe, et certainement, dans la pensée de Linnée, il était conçu entièrement en dehors du fait d'une durée immense de la création, fait qui n'était pas même soupçonné à l'époque où écrivait le savant suédois ; mais celui-ci ne s'en tient pas à l'axiome, en apparence absolu, que nous venons de transcrire ; il a soin d'ajouter, tellement il est attentif à ne rien laisser que son hypothèse ne puisse embrasser : « Ces formes (les premières créées), obéissant aux lois de la génération, en produisirent ensuite beaucoup d'autres, toujours semblables à ce qu'elles étaient d'abord, de telle sorte que les espèces ne sont pas maintenant plus nombreuses qu'elles ne l'étaient à l'origine. Ainsi, on rencontre actuellement autant d'espèces qu'il existe de plantes diverses par la forme ou par la structure, à l'exception cependant de celles chez lesquelles l'influence de la localisation ou d'autres accidents ont fait naître de petites différences (ce sont alors des variétés). »

Rien de plus clair que ce passage souvent cité, et, remarquons-le, si l'ancienneté de la nature végétale, à partir de son premier début, pouvait être ramenée aux cinq ou six mille ans que lui assignait Linné, les choses auraient certainement dû se passer telles qu'il l'avait supposé. Aucune différenciation plus importante que celles d'où sortent les variétés n'aurait eu le temps de se produire ; les espèces, tout en se propageant et se multipliant, seraient restées généralement les mêmes qu'au moment de leur création ; chacune d'elles aurait été produite individuellement ou par paires (en ce qui concerne les unisexuelles), et les distances inégales, les irrégularités sans nombre que l'on observe, en comparant entre elles les espèces, auraient été fondamentales et voulues, pour ainsi dire, comme étant l'expression vivante d'un plan essentiellement fécond, fondé sur la diversité même des combinaisons dont il aurait offert le tableau.

La tâche du naturaliste, dans la pensée de Linné, eût été de la déterminer exactement, en la dégageant de la simple variété, et sans la confondre pourtant avec le genre, cette espèce primitive, émanée directement d'un acte de l'être infini. On peut dire, en effet, à la louange de Linné, que nul n'a mieux proportionné que lui les résultats qu'il adaptait au principe même qu'il avait posé : ses espèces, nommées encore types « linnéens » et trop souvent dédoublées sans nécessité, sont établies sur une moyenne de caractères assez largement conçue pour exclure toute confusion, pour écarter toute présomption de parenté trop immédiate avec l'espèce la plus voisine. En un mot, la valeur de ces espèces répond bien à la mesure du temps qu'elles étaient censées avoir traversé avant d'arriver jusqu'à nous. Il suffisait, d'après lui, de l'expérience pour juger que, dans le cours de la période qui nous réparait de la création, aucune action n'avait pu intervenir qui fût de nature à faire franchir aux types originaires les limites de la simple variété.

Gaston de Saporta

Linnée, par exemple, sous la dénomination de chêne rouvre (*Quercun robur* L.), rapportait à une seule espèce toutes les variétés du chêne commun d'Europe, dont l'aire d'habitation s'étend des environs de Stockholm et de Christiania aux extrémités de l'Italie, et des approches de l'Oural jusqu'en Bretagne et en Lusitanie. Après lui, chacune des races ou variétés principales du chêne rouvre a été élevée au rang d'espèce ; c'est ainsi que l'on a distingué l'un de l'autre le chêne à glands pédoncules, le chêne à glands sessiles, le chêne pubescent, le chêne des Apennins, sans compter le chêne de Virgile, celui des cèdres et plusieurs autres du même groupe, observés soit en Italie par Tenore, soit en Grèce ou dans l'Orient par Kotschy. Il est facile, même à un esprit étranger à la botanique, de se rendre compte des motifs qui avaient déterminé le classement de Linnée et les mobiles auxquels ses successeurs ont obéi, peut-être inconsciemment. Le premier considère comme des caractères secondairement acquis, comme des nuances de localisation trop faibles pour ne pas être subordonnées aux différences fondamentales, les variations de détail dont le chêne commun donne l'exemple : à quoi se réduisent-elles, en effet, sinon à des particularités morphologiques susceptibles de s'atténuer ou même disparaître, aussitôt qu'au lieu de voir les choses en masse, en y regardant de plus près, on constate qu'elles sont soumises à d'inévitables fluctuations ? Le chêne « à glands pédonculés » présente des feuilles lisses et presque dénuées de pétioles, tandis que, dans le chêne « à glands sessiles, » les pédoncules fructifères sont courts ou nuls et les feuilles assez longuement pétiolées ; il se trouve pourtant que ces mêmes pédoncules s'allongent parfois chez celui-ci, et chez le chêne « pubescent » de la France méridionale, dont la seule distinction réside dans le duvet cotonneux de ses feuilles ; mais, dans les cas assez fréquents où ce duvet s'efface, le chêne « pubescent » se confond avec le chêne « à glands sessiles, » tandis que le chêne « à glands pédonculés, » sous l'influence du climat méridional, acquiert ce même duvet et ne présente plus que des pédoncules relativement courts ; il prend alors le nom de chêne « des Apennins. » D'ailleurs, lorsque ces diverses races, dont la personnalité ne saurait être contestée, se trouvent en contact sur les points où leurs aires d'habitation respectives se pénètrent, elles ne manquent pas de produire des formes ambiguës, résultant évidemment du métissage. Il est donc certain qu'il s'agit au total de races alliées de fort près, et que Linnée avait jugé sainement en les considérant comme les variétés d'un seul et même type. En appliquant le nom d'espèce au seul chêne commun, ou chêne « rouvre, » il admettait implicitement que les diversités afférentes aux quatre races que nous venons de signaler avaient dû naître et se fixer dans le cours des six ou sept mille ans qui nous séparaient, à ses yeux, de la création. Le chêne rouvre aurait été une émanation directe de celle-ci, tandis que les chênes à glands pédonculés et à glands sessiles, le chêne pubescent et celui des Apennins seraient résultés de modifications postérieures et relativement récentes. Ces différenciations, si peu prononcées qu'elles puissent paraître, ont été cependant considérées par la plupart des auteurs venus après Linnée comme suffisant pour justifier l'élévation au rang d'espèces des races qui en avaient été affectées. Ainsi, les mêmes caractères regardés par le maître comme acquis au cours d'un assez petit nombre de siècles étaient tenus pour innés et incommutables par les disciples et les successeurs, et tous appartenaient pourtant à la même école, celle aux yeux de laquelle l'espèce, une fois créée, avait dû rester immuable dans ses traits les plus essentiels.

L'idée de durée étant inconnue à Linnée, il est tout simple qu'il ait édifié ses théories en dehors d'elle ; ce qui est moins compréhensible, c'est que, depuis la mise en pleine lumière de cette notion par les géologues, elle n'ait pas influé davantage ou, pour dire mieux, elle ait influé si tard sur les tendances de ceux qui, devenus familiers avec elle, se préoccupaient en même temps de la définition de l'espèce. — Comment apparaissait l'espèce à Buffon ? On voit, par divers passages de l'*Histoire naturelle*, qu'il admet dans la nature vivante des degrés et des passages s'opérant par nuances insensibles ; mais, pour lui, cette nature vivante, dans sa puissante unité et à travers son inépuisable variété, se manifeste nécessairement par la génération, au moyen de moules préexistants d'où sortent les individus avec une empreinte plus ou moins fixe, plus ou moins nette et immuable ; mais d'autant plus fixe qu'il s'agit d'espèces plus élevées en dignité, d'autant plus effacée et multiple que l'on descend plus bas dans l'échelle des êtres et surtout que, des animaux inférieurs, on marche vers les plantes. De là le caractère essentiellement relatif et inégal de l'espèce. De là, chez Buffon, une tendance à se défier des classements, dont le résultat dernier est toujours d'établir des formes spécifiques, supposées égales et équivalentes, que l'on s'adresse aux catégories les plus élevées aussi bien qu'aux plus basses et aux dernières de la création. Dans son discours *sur les animaux communs aux deux continents*, il insiste particulièrement sur cette fixité, plus prononcée chez les quadrupèdes que chez les oiseaux et les poissons, tandis que, si l'on descend jusqu'aux insectes et, après eux, jusqu'aux plantes, « on sera surpris de la promptitude avec laquelle les espèces varient et de la facilité qu'elles ont à prendre de nouvelles formes. » Plus loin, développant la même pensée dans sa *seconde vue de la nature*, il ajoute : « Les variétés constantes et qui se perpétuent par les générations n'appartiennent pas également à tous ; plus l'espèce est élevée, plus le type est ferme. » Au fond, cela veut dire que, le nombre absolu des animaux inférieurs et des plantes étant plus élevé relativement à celui des êtres supérieurs, les transitions d'une forme à une autre sont forcément moins tranchées dans la première catégorie que dans la seconde. On voit que, de toutes façons, Buffon était bien éloigné de professer ce que l'on a nommé depuis la fixité et la perpétuité de l'espèce. Il ne paraît pas pourtant qu'il ait cherché à relier l'idée de durée à celle des mutations dont il suppose les êtres inférieurs susceptibles. Il ne soupçonne pas même, dans les *Époques de la nature*, que les plantes des houilles puissent être l'indice d'une flore primordiale différente de celle qui couvre actuellement le globe. Il lui suffisait de croire à des transports par les eaux, à des extensions de la végétation des tropiques jusque sous nos latitudes. À ses yeux, les fougères des schistes ardoisiers étaient assimilables à celles des Indes ou des Antilles ; il n'allait pas plus loin dans la détermination de ces restes, pas plus qu'il ne soupçonnait de différence appréciable entre le mammouth fossile et l'éléphant indien. Il fallait que ce monde des êtres anciens eût ses révélateurs ; les temps étaient cependant proches, et, trente-cinq ans après la mort de Buffon, Cuvier et Brongniart avaient percé les voiles du passé et classé les plantes comme les animaux, tandis que la géologie stratigraphique établissait l'ordre régulier de succession des terrains et, par cela même, des périodes.

On sait que, dès le commencement du XIXe siècle, Lamarck et, après lui, Geoffroy Saint-Hilaire, se firent les promoteurs de ce qu'on a nommé depuis le transformisme : ils soutinrent que les espèces actuelles descendaient des types antérieurs modifiés. Mais le génie purement analytique de Cuvier, appuyé de l'influence due à l'éclat de ses découvertes, fit obstacle à la diffusion de ces idées, que l'expérience n'étayait pas encore de documents assez précis. Elles furent combattues avec acharnement, sans que d'ailleurs on leur opposât autre chose qu'une fin de non-recevoir, tirée de la prétendue impossibilité d'atteindre l'espèce dans son berceau et de remonter jusqu'à son origine. Dès qu'on élevait cette notion à la hauteur d'un dogme et, qu'après avoir défini l'immuable personnalité de l'espèce, on tirait de la définition elle-même un argument contre ceux qui auraient formulé quelque doute à son égard, c'était dicter d'avance la réponse et commettre, quoi qu'on ait pu dire, une véritable pétition de principe. Pour les disciples de l'école de Cuvier, à leur insu sans doute, mais par un résultat forcé des habitudes de classement, l'espèce se montrait dans la nature ce qu'elle est dans les vitrines d'un musée, une série immense de formes cataloguées, dont les nuances différentielles ont beau se réduire jusqu'à devenir infinitésimales, le classificateur étant décidé à tenir compte des plus faibles comme des plus accentuées. Par cela même il considère les formes décrites par lui séparément comme égales en valeur, comme adéquates entre elles et disposées sur un seul et même rang. Au fond, c'était substituer à la réalité objective un concept de l'esprit et passer sans scrupule du subjectif le plus absolu à l'objectif que l'on suppose, sans même s'enquérir s'il a sa raison d'être. L'inégalité de la notion spécifique, déjà entrevue par Buffon, opposera toujours un obstacle à l'admission de cette invariabilité des êtres qui, une fois créés, se seraient depuis perpétués sans changement. Mais cette inégalité visible des êtres, impliquant forcément des dédoublements successifs et réitérés, ne suffirait pas non plus pour expliquer à elle seule la genèse des espèces dans leur marche à travers la durée infinie des périodes, si l'on ne joignait à cette notion celle d'une complexité croissante des organismes ; comme si, étant partis d'un état de simplicité au moins relative, ils s'en étaient ensuite éloignés pour s'étendre, se compléter et se spécialiser par l'extension graduelle des parties et le perfectionnement des fonctions dévolues à chacune d'elles. C'est de ce travail incessant, au moyen duquel la variabilité conduit soit au développement, soit à l'atténuation par atrophie, soit à l'élaboration des organes, que les êtres vivants ont retiré toutes les différences, grandes ou petites, qui les distinguent.

Darwin, vers le milieu du siècle qui touche maintenant à sa fin, est venu donner un corps à ces doctrines jusqu'alors flottantes ou imparfaitement caractérisées et mal accueillies, à titre de nouveauté contestable, par la majorité des savants français. Le philosophe anglais eut le mérite immense de comprendre qu'en invoquant les effets de l'expérience de l'homme sur les êtres vivants, comme preuve de ce qui avait dû se passer jadis, il forcerait plus aisément les convictions que s'il se bornait à des exemples tirés de la paléontologie, trop peu avancée pour fournir des arguments sans réplique au sujet de l'ancienne marche des espèces. Darwin insista sur la « sélection, » c'est-à-dire sur l'acquisition possible sous l'influence volontaire de l'homme, ou bien sous l'impulsion inconsciente de la nature, d'organes nouveaux ou seulement d'extensions et d'adaptations organiques, utiles aux individus et, par eux, à la race, dans laquelle s'affermissaient par l'hérédité ces modifications avantageuses, tendant à assurer une supériorité quelconque aux êtres qui en seraient pourvus, vis à vis de ceux qui en seraient plus ou moins destitués. Dans ce système, la perfection organique, essentiellement relative, aurait dépendu de l'adaptation à des conditions d'existence déterminées. L'être inférieur, moins avancé, et par cela même moins complexe, se contenterait, à raison même de son infériorité, d'une somme moindre d'exigences biologiques. Sa moindre complexité serait pour lui une sauvegarde, en lui permettant de vivre et de prospérer là où un être plus élevé, mais moins simple, ne saurait ni se procurer les moyens de subsister, ni trouver la possibilité de se défendre contre les concurrents. Plus un être aurait de parties à protéger et de fonctions à remplir, plus ces parties seraient distinctes et ces fonctions spécialisées, ce qui est le vrai et double caractère de la supériorité organique, plus aussi ce même être aurait à vaincre de difficultés pour le maintien des conditions indispensables à un ensemble organique aussi différencié.

Il est dès lors admissible que les moyens de conservation et ceux de résistance, c'est-à-dire les appareils organiques et les armes défensives ou offensives, soient devenus à la longue l'apanage des êtres perfectionnés dont la perte sans eux aurait été pour ainsi dire assurée. L'organisme inférieur flotte dans un milieu uniforme, tel que l'eau ; il s'attache au sol ou au rocher ; il trouve aisément des conditions qui suffisent à son existence ; il constitue en un mot la plante triviale qui reparaît partout, ou le protiste multiplié sans limite, à l'exemple des ferments, ou encore l'animalcule, comme le phylloxera. Mais chez l'être supérieur on voit augmenter les exigences en proportion des besoins à satisfaire. Le nombre des ennemis croit en raison directe de la diversité des organes ou de la délicatesse des fonctions. Plus spécialisé, il est aussi plus vulnérable ; il dépend d'une foule d'êtres différents de lui, auxquels sa propre existence se trouve nécessairement subordonnée. La lutte est d'autant plus vive qu'elle résulte de plus de circonstances combinées. Que de peines pour l'homme de maintenir certaines espèces qu'il cultive, c'est-à-dire au profit desquelles il crée artificiellement les conditions les plus favorables ! Que deviendraient-elles s'il les abandonnait un instant ? Du reste, avec quelle rapidité ses propres races se détruisent-elles aussitôt que l'une d'elles affirme sur d'autres sa supériorité et soumet celles-ci à son influence ? Qu'y a-t-il de plus étroitement adapté que nos espèces forestières ? Certaines circonstances, la plupart antérieures aux sociétés humaines, leur ont procuré une extension à laquelle l'homme est venu porter atteinte. Ces espèces déclinent ou disparaissent, et rien de plus malaisé que de reconstituer les conditions qui leur permettraient de reconquérir le terrain perdu ou qui leur ouvriraient de nouveaux espaces.

Dans l'analyse raisonnée d'un phénomène aussi complexe que celui auquel nous devons l'espèce, le meilleur procédé à suivre consiste à le décomposer en ses éléments principaux et d'attribuer à chacun de ceux-ci le rôle qui lui revient dans ce drame de la vie dont notre globe est le théâtre, et dont les actes se sont multipliés sans trêve en s'enchaînant, à partir du jour où se manifesta la première cellule vivante. — Deux forces antagonistes se partagent l'être organisé et le gouvernent à la fois ; l'une de ces deux tendances prédomine tour à tour sur l'autre, sans jamais l'exclure complètement. D'une part, c'est la variabilité, qui fait que toute trame organique, formée d'un assemblage de petites unités ou cellules, demeure essentiellement extensible et variable, sinon en acte, du moins en puissance. De l'autre, c'est l'hérédité, qui fixe chez les individus les différences acquises et tend à les rendre permanentes. L'être organisé, animal ou plante, est toujours individualisé, quand il ne le serait que momentanément et imparfaitement. En tant qu'individu, il a toujours pour point de départ une cellule unique, dont la multiplication plus ou moins rapide ou étendue et complexe constitue chaque fois aussi l'agrégat individuel. — Ainsi, la cellule ou unité fondamentale est le point de départ de l'individu, de même qu'elle semble avoir été le point de départ de l'ensemble de ce qui a vie ; et, chaque fois que l'organisme s'individualise, il part de cette unité élémentaire pour s'élever plus ou moins, en demeurant conforme dans ce processus particulier aux proportions morphologiques du cadre que l'hérédité lui assigne, sans que cette conformité soit de nature à exclure jamais totalement la tendance à la variabilité. Celle-ci est cependant renfermée dans des limites d'autant plus étroites qu'il existe plus de parties et de fonctions organiques préalablement fixées et devenues soit indispensables, soit au moins utiles à la race qui les aurait acquises, et dans la mesure même de cette utilité. Tout dépend de la proportion des parties devenues fixes, c'est-à-dire plus ou moins soustraites à l'influence de la variabilité et définitivement consolidées, par rapport à celles qui restent ou peuvent redevenir variables, en un mot, susceptibles d'extension ou de changement.

Chez l'individu de race inférieure, l'agrégat cellulaire est relativement peu différencié, et les organes qu'il comporte ne sont ni nettement localisés ni étroitement spécialisés. Ce qu'on a nommé la division du travail organique n'a rien d'achevé, et chaque fonction ou chaque ordre de fonctions se trouvent susceptibles de se suppléer mutuellement. Les parties purement végétatives et les organes uniquement nutritifs chez les végétaux, par exemple, ne sont pas entièrement séparés des parties sexuelles et des organes reproducteurs, séparation qui se présente toujours lorsqu'on s'élève dans l'échelle et que l'on quitte la plante cryptogamique pour s'adresser aux types supérieurs, chez lesquels cette distinction s'est définitivement réalisée, autrement aux phanérogames. Comme cette séparation des fonctions et des organes d'où dépendent les fonctions ne se réalise qu'à l'aide d'une complexité croissante et que la trame organique ne se complique qu'en se différenciant de plus en plus, c'est à la variabilité que cette trame doit les changements dont elle obtient la fixation par l'hérédité. On voit donc que les deux forces antagonistes concourent à un seul et même but et, dans chacun des végétaux soumis à une série plus ou moins longue d'élaborations préalables, on observe toujours des parties fixes dont le plan une fois arrêté ne changera plus (ce sont elles qui constituent les caractères généraux, apanage des divers groupes qui les ont hérités d'un ancêtre commun) ; et des parties variables, demeurées extensibles, au moyen desquelles la plante conserve la faculté de changer de nouveau, non pas indéfiniment, ni sans raison apparente, mais sous l'influence des circonstances de milieu, dans la mesure de cette influence et dans la mesure aussi de l'amplitude de plasticité inhérente à chaque être en particulier. Parmi ces êtres devenus si divers, il est concevable que les uns peuvent subir des ébranlements, s'étendre et se différencier, ou bien, faute d'exercice ou d'utilité, perdre certains organes atténués ou graduellement éliminés, tandis que d'autres, par suite d'une étroite adaptation, finissent par cesser de pouvoir s'étendre et ne varient plus que dans des limites extrêmement restreintes. Ceux-ci se trouvent alors placés dans l'alternative de se maintenir tels qu'ils sont ou de périr, si les conditions extérieures cessent de les favoriser. C'est bien ce qui arrive, en effet, à certaines espèces rares ou frappées de déclin ; la plante recule devant la concurrence de types plus jeunes ou plus robustes. Elle verra son domaine se restreindre et se diviser. Après avoir été ramenée à des stations de plus en plus limitées, semblables à des îlots perdus au sein d'une vaste mer, qui les entoure et menace de les submerger, elle disparaîtra enfin et passera à l'état d'espèce éteinte, dont les seuls fossiles transmettent le souvenir.

Ainsi, le domaine de la variabilité est essentiellement inégal ; plus restreint ou plus étendu, selon les êtres que l'on considère, il n'embrasse pas toutes leurs parties, qui sont loin d'être influencées par elle de la même manière. L'être inférieur, faiblement différencié et vaguement adapté, peut aussi varier d'une façon plus générale et plus complète ; l'être plus élevé, déjà moins flexible, aura des contours plus arrêtés ; mais l'être tout à fait supérieur, complexe et déterminé dans ses parties principales, ne se prêtera qu'à des variations de détail. Rien de fondamental ne changera en lui ; mais tout ce qui, dans les limites des organes définitivement acquis, demeure susceptible de changement pourra varier sous l'empire des excitations venues du dehors. Le plan lui-même, avec ses traits caractéristiques, restera immuable ; mais les linéaments secondaires de ce plan céderont, comme il arriverait aux massifs et aux allées d'un jardin anglais destiné à être modifié ou prolongé, sans faire jamais disparaître l'harmonie du dessin primitif.

On le voit, aux deux principes de la variabilité et de l'hérédité, qui tout en se combinant agissent en sens contraire l'un de l'autre, et dont la synthèse donne cependant naissance à l'être vivant, il faut joindre, à titre de phénomène propulseur, l'influence du milieu ambiant qui sollicite de toutes parts l'organisme et tantôt l'oblige à se plier et à s'adapter pour échapper à la destruction, tantôt lui ouvre des voies nouvelles et l'entraîne vers le progrès, par le changement, en favorisant son essor.

Section II.

Les notions précédentes permettent de concevoir comment les êtres vivants et en particulier les végétaux se sont comportés après être originairement sortis de simples cellules, et comment chaque cellule, susceptible elle-même de dédoublement, a pu donner naissance à un agrégat cellulaire, les éléments provenant de la partition pouvant, ou bien s'isoler et acquérir une indépendance individuelle, ou bien rester connexes et constituer un corps destiné à d'ultérieures différenciations. Chacune des différenciations qui surviennent se trouve alors avoir pour but et pour effet un degré d'adaptation à des circonstances déterminées, d'autant plus étroitement défini que l'agrégat organique est plus complexe et que ses diverses parties ou fonctions sont elles-mêmes plus localisées : il en résulte une série d'états plus ou moins stables et permanents ; c'est à chacun d'eux, pris à part, que l'on applique le nom d'espèce. L'espèce, en ce sens, est la collection des individus qui, établis sur le même plan organique et possédant tout un ensemble de caractères communs, ont été affectés à un moment donné par des conditions biologiques assez uniformes pour avoir respectivement éprouvé les mêmes modifications, de telle sorte que leur fécondité mutuelle n'ait reçu aucune atteinte. Tant que les conditions de milieu auxquelles l'espèce doit son existence ne seront pas altérées, il est évident qu'elle-même persistera sans changement ou, si elle change, ce sera dans une mesure très faible et par la seule variation des parties les plus accessoires. Si, au contraire, les circonstances de milieu viennent à changer, ou que l'espèce, déjà constituée, par le fait même de son extension, soit mise en présence de conditions nouvelles, elle se modifiera et se transformera plus ou moins, de manière à s'adapter, par quelques-uns au moins des individus qu'elle comprend, à ces nouvelles conditions, tandis que les individus qui ne s'en accommoderont pas ou s'y plieront malaisément ne tarderont pas à disparaître.

Les différenciations, chez les végétaux, ne sont pas, il faut le dire, l'apanage exclusif de ceux dont la trame résulte d'un assemblage de cellules diversement associées. La cellule, considérée isolément, en elle-même, est susceptible de différenciations assez étendues. Tantôt réduite à un noyau central, seule partie en elle essentielle et vivante, nue alors et presque diffluente, elle s'entoure d'autres fois d'une membrane d'enveloppe plus ou moins résistante, continue ou poreuse ; elle sécrète même une carapace solide ; enfin, elle peut acquérir des pseudopodes ou prolongements mobiles, des cils, des appendices, et se mouvoir en manifestant une obscure sensibilité à l'action de la lumière. C'est uniquement dans l'eau que la cellule végétale se montre ainsi libre et mobile ; elle y représente ou les individus des catégories inférieures ou encore les éléments reproducteurs des groupes plus élevés, qui retournent ainsi momentanément aux conditions de leur vie antérieure. Effectivement, l'eau est le milieu primitif et le berceau commun de tous les êtres, celui au sein duquel les plus élémentaires peuvent se mouvoir et s'alimenter sans peine, baignés et pénétrés qu'ils sont par le fluide nourricier. Si la plante a été le siège d'une élaboration organique et de perfectionnements successifs, dont la complexité étonne celui qui cherche la raison d'être des choses, c'est bien en devenant aérienne et lorsque, pour demeurer telle, elle a dû s'attacher au sol émergé et y puiser l'eau nécessaire à son existence. Les plantes purement aquatiques, c'est-à-dire qui ne le sont pas par régression, sont les moins différenciées de toutes ; elles n'ont ni vaisseaux, ni tige distincte des appendices, ni fleurs proprement dites ou organes reproducteurs formés de parties accessoires symétriquement groupées ; elles se perpétuent au moyen de cellules soit fixes, soit mises en liberté et vivantes : ce sont les « zoospores » et les « anthérozoïdes. » Bien moins éloignées du point de départ unicellulaire, la plante marine ou celle des eaux douces y reviennent plus aisément et reproduisent fidèlement les traits de l'état originaire. — On applique le nom général d'algues ou encore de « protophytes » à l'ensemble des plantes qui, nées dans l'eau, y sont demeurées confinées, après avoir débuté par l'état unicellulaire. Mais tandis que les unes quittaient promptement ce premier état et réalisaient, par l'agrégation cellulaire, une combinaison organique plus élevée, destinée à des développements, pour ainsi dire illimités, d'autres se différenciaient plus ou moins sans sortir de leur premier état, et tout en obtenant un assez haut degré de puissance et d'ampleur. La cellule unique dont ces derniers types étaient formés acquérait la faculté singulière de multiplier ses replis, de les prolonger, de les entremêler, en les ramifiant de mille façons, sans jamais se subdiviser véritablement, ni se cloisonner en travers. Il existe effectivement des algues tracées sur ce modèle, strictement unicellulaires, puisque les prolongements tubuleux de la cavité qui les compose s'entrelacent de manière à constituer un tissu, dont les contours affectent une configuration des plus régulières et des plus variées selon les genres et les espèces que l'on considère. On donne le nom de « siphonées » aux algues de cette sorte, dont le nombre est relativement restreint et la taille assez médiocre au sein des mers actuelles ; mais elles paraissent au contraire avoir été multipliées au-delà de toute mesure et avoir atteint un degré de force et de puissance qu'on n'avait pas soupçonné jusqu'ici dans le fond des mers primitives. Cette marche est du reste en parfait rapport avec celle qui nous parait avoir été imprimée à l'origine au règne végétal tout entier.

Ainsi les plantes auraient obéi dès l'origine à une double impulsion : les unes demeuraient unicellulaires, et c'est alors sur la cellule même que portaient les différenciations ; les autres devenaient pluricellulaires, et, dans ce second cas, c'est l'agrégat qui se différenciait de plus en plus, tandis que la cellule conservait, à peu de chose près, la simplicité de sa structure première. —

Section II.

Bien plus rapprochées que les plantes terrestres, surtout que les plantes terrestres supérieures, du double point de départ que nous venons de signaler, les algues n'ont éprouvé que des oscillations morphologiques d'une assez faible étendue. Leurs espèces rentrent aisément dans un cadre étroitement déterminé par les conditions biologiques de leur habitat. La seule considération de l'apparence extérieure ne suffirait pas pour guider celui qui veut apprécier la mesure exacte de leurs affinités relatives : l'étude microscopique et comparative de leur structure intime devient alors nécessaire ; elle l'est également en ce qui concerne les plantes terrestres les plus inférieures, telles que les lichens et les mousses. Mais ceux-ci ne sont qu'à moitié affranchis de l'élément aquatique ; ils se dessèchent sans mourir, à l'air libre, et l'humidité leur est indispensable pour végéter et se reproduire.

Les plantes décidément terrestres sont le résultat d'une élaboration infiniment plus complexe et plus prolongée. Il a fallu qu'à l'organisation élémentaire, suffisante pour l'habitat sous-marin, vinssent se joindre, chez elle, de nouveaux appareils combinés de façon à suppléer l'absence du fluide ambiant et nourricier. La plante n'a pas acquis, comme l'animal devenu terrestre, des poumons pour respirer, ni des cavités viscérales pour digérer ; l'animal lui-même n'est parvenu que plus tard au degré de perfection organique qui lui a permis de quitter l'eau définitivement. La plante, au contraire, a de bonne heure émigré sur le sol humide ; mais il a fallu, pour qu'elle réussît à s'y naturaliser, qu'elle eût recours à des procédés à la fois simples et efficaces : d'une part, c'est l'appareil rhizoïde qui la fixe au sol, et, de l'autre, le tégument cortical qui met un mur de séparation entre l'air extérieur et l'eau qui la baigne à l'intérieur en empêchant la déperdition immédiate de celle-ci. Cette déperdition entraîne, comme on le sait, le dessèchement de la plante ; cela arrive inévitablement soit à l'algue tirée de l'eau, soit à la plante terrestre arrachée, sauf dans des cas exceptionnels, si elles ne sont pas promptement remises dans leur état normal.

Nous ne possédons pas ces premières ébauches de la végétation terrestre s'essayant à l'air libre sur un sol récemment émergé, exposé à de fréquents retours de l'élément liquide ; mais nous savons que la distinction du sol mis à sec, de « l'aride, » comme dit l'Écriture, et du sol immergé, recouvert à demeure par les eaux, ne se fit pas en un jour et qu'il régna longtemps entre eux une sorte de confusion. De même, et pour ne pas quitter la Bible, qu'il n'est pas inutile d'invoquer même en pareil sujet, la séparation des eaux inférieures et supérieures, de celles que l'océan réunit dans un seul bassin et de celles qui flottent à l'état de nuages au sein de l'atmosphère, ne fut réalisée que très graduellement. Les deux mondes aquatiques communiquèrent longtemps et se mêlèrent à leur point de contact mutuel tant que les eaux encore tièdes exhalaient des masses de vapeurs, et que ces vapeurs, à peine parvenues dans une zone supérieure plus froide, se précipitaient en se condensant de nouveau. Les plantes terrestres primordiales furent donc baignées de toutes parts, et elles mirent sans doute un temps très long à sortir de ce premier état. Elles étaient comme ces algues que découvre à peine la marée basse pour les plonger bientôt dans les nouvelles vagues, comme ces mousses et ces fougères qui bordent les cataractes et sur lesquelles s'épanche une buée toujours ruisselante. Aussi bien, c'est ce qui ressort le plus clairement de l'examen des végétaux houillers dont les plus grandioses, avec leurs tissus à la trame lâche et leurs feuilles démesurées, assimilables à ces plantes gorgées de sucs qui croissent au plus profond des forêts vierges tropicales, auraient immédiatement fléchi, une fois exposées aux froides clartés de notre ciel et au contact de la sérénité de notre atmosphère. Les premières plantes aériennes ne pouvaient pas plus se passer de tièdes averses que les plantes aquatiques actuelles de vivre submergées. Non-seulement ce que l'on sait de leur port et de leur structure, de l'énorme extension de leurs parties vertes, le prouve surabondamment ; mais la nécessité où sont encore les types qui les représentent le mieux d'avoir recours à l'eau, comme véhicule de leurs éléments reproducteurs, atteste irrécusablement cette présence obligée du milieu liquide présidant à la naissance, puis au développement de la végétation. L'uniformité complète de cette flore initiale par tout le globe et son exubérance relative à partir de la zone tempérée actuelle, et, de là, jusque dans l'extrême Nord, ressortent du mode de distribution des bassins houillers et de toutes les explorations poursuivies jusqu'à ce jour. Dernièrement encore, M. l'ingénieur des mines Zeiller, ayant eu l'occasion d'examiner la flore des gîtes carbonifères de Téte, dans la région du Zambèze (Afrique tropicale), faisait ressortir la concordance parfaite de cette flore et de celle des environs du Cap, rapportée par Grisebach à l'étage houiller avec la végétation qui couvrait à la même époque l'hémisphère boréal tout entier : « Cette existence des mêmes espèces à toutes les latitudes, ajoute M. Zeiller, aussi bien dans les régions arctiques et tempérées de l'hémisphère boréal que dans les parties de l'hémisphère austral voisines de l'équateur, comme la région du Zambèze, exige que le climat ait été absolument le même partout. Le climat étant uniforme, les variations de la flore ont eu lieu partout à la même époque, ou du moins à des époques trop peu différentes pour que nous puissions les distinguer, les espèces qui se développaient sur un point pour s'y substituer à d'autres plus anciennes rencontrant partout les mêmes conditions et devant se propager très rapidement. »

Ce point de vue découvre à nos yeux les longues perspectives d'un passé pendant lequel les types végétaux ne cessèrent de se dédoubler et de se perfectionner avant d'atteindre partiellement le degré de complexité organique qui caractérise la grande majorité d'entre eux. En un mot, dans ces temps reculés et sous l'influence d'un climat des plus uniformes, des plus nettement déterminés, les types qui prirent l'essor, ceux qui comprenaient la presque totalité des espèces d'alors, étaient relativement inférieurs à ceux qui leur succédèrent. Ceux-ci, de leur côté, étaient encore trop rapprochés de leur berceau, leur élaboration était trop éloignée de son terme final pour qu'ils eussent à jouer un rôle ou à occuper une place tant soit peu considérable au milieu d'un ensemble précocement et adroitement adapté à des conditions d'existence toutes spéciales. L'extension même de cet ensemble, sa rapide éclosion et sa hâtive exubérance avaient été favorisées en raison directe de la faible capacité de résistance qu'il était en mesure d'opposer à la prédominance future de conditions inverses. Les formes spécifiques que nous possédons maintenant représentent ainsi non-seulement les fractions remaniées du règne végétal échappées aux éliminations répétées dont il a été le théâtre, mais surtout les résultats derniers de toutes les modifications éprouvées par lui à partir de l'âge des houilles. Ces modifications plus ou moins prononcées, plus ou moins stables et fécondes en variations ultérieures, selon les types et les organes affectés, ont constamment donné lieu à des espèces dès que, par l'hérédité, elles sont devenues l'apanage commun d'une certaine collection d'individus qui les ont transmises à leurs descendants. Il a suffi, chez un végétal déterminé, de l'ébranlement de certaines parties demeurées plastiques pour produire de nouvelles races et, par la suite, de nouvelles espèces ou enfin de nouveaux types, dans une mesure proportionnée à l'amplitude du mouvement propagé. Tout dépend, il est vrai, de l'ébranlement de l'organisme ; mais comme cet ébranlement obéit toujours à une impulsion venue du dehors et que, d'ailleurs, les variations manifestées ne sauraient devenir permanentes qu'en vue d'un but, c'est-à-dire d'une adaptation déterminée, nous sommes forcément amené à considérer les causes extrinsèques qui, de tout temps, furent la raison d'être des changements survenus et, par cela même, de l'apparition des types et des espèces.

Ces causes dépendent de tout ce qui, dans la nature physique, peut influer sur les végétaux ; en effet, si la nature change, si elle cesse, brusquement ou graduellement, de rester soumise aux mêmes lois, de présenter les mêmes accidents, les végétaux changeront aussi, du moins ceux d'entre eux qui se trouveront susceptibles de se prêter à des modifications ; tandis que ceux qui étaient adaptés étroitement à l'ordre de choses antérieur disparaîtront plus ou moins vite pour faire place aux premiers, auparavant subordonnés, mais que les conditions nouvelles tendent à favoriser. Il en fut certainement ainsi après le temps des houilles. Les plantes de cette période paraissent constituées en vue d'un climat des plus uniformes dans toutes les zones, d'une humidité chaude et constante, en vue par conséquent d'une « tension » des tissus et des parties vertes, incapables de vivre sans se flétrir ailleurs que dans une atmosphère saturée de vapeurs tièdes. Il est clair que l'élimination de ces plantes dans le cours de l'âge suivant (permien et trias) et la substitution qui se fit de plantes d'un caractère très différent, telles que les cycadées et les conifères, impliquent, par le fait même de cette substitution, la prédominance de conditions extérieures éloignées, sinon inverses, de celles qui avaient jusque-là prévalu. Essayons de les définir : en prenant l'opposite de celles qui avaient caractérisé le temps des houilles, il n'est pas impossible d'y parvenir.

Le contraire de l'uniformité absolue, en ce qui concerne le climat, c'est sa tendance vers une différenciation croissante, selon une échelle graduée dans le sens des latitudes. Ce sont les approches du pôle se refroidissant peu à peu et contrastant de plus en plus avec les contrées limitrophes de l'équateur. C'est l'influence de plus en plus prononcée des expositions boréale et méridionale, des versants et des pâtés montagneux tournés au nord, par rapport à ceux qui sont situés à l'aspect du midi. Ce sont de plus les saisons marquées par une alternance régulière de chaleur et de froid relatifs, d'un ciel serein et d'un ciel couvert, de déversements de pluies confinés dans certains mois de l'année exclusivement aux autres. Ce sont, en un mot, des différences dans l'état de l'atmosphère, non plus indéfiniment nébuleuse ni encombrée de nimbus, mais dépouillée en partie de nuages, devenue accessible à la lumière, variant d'aspect selon les saisons et demeurant pure au moins pendant une partie de l'année. Ce sont enfin des diversités de sol et de relief, de propriétés physiques du terrain, et par suite de stations, c'est-à-dire des façons d'exister à l'ombre ou au soleil, près ou loin des eaux, en plaine ou sur les montagnes, dans le sable, le grès ou l'argile, divergences de plus en plus accentuées, offrant aux plantes des conditions variées qu'elles ne pouvaient rencontrer auparavant sur une écorce terrestre faiblement ondulée et facilement envahie par les eaux.

De la réunion ou du conflit, enfin du développement successif des circonstances qui viennent d'être énumérées est issue la végétation qui a couvert le globe aux divers moments de son existence, à partir des temps secondaires jusqu'à l'ère qui marque la diffusion de l'homme. Celui-ci, de son côté, une fois conscient de sa force, a influé sur la végétation, mais le plus souvent pour l'appauvrir et la dévaster, soit en livrant le sol aux seules plantes alimentaires, soit en détruisant les forêts, sans profit pour personne.

Section III.

Les causes de changement une fois définies, il faut rechercher l'action propre de ces phénomènes et dans quelle mesure les conditions de milieu influèrent sur le règne végétal pour le modifier et le transformer. Si ces causes eussent agi brusquement, c'est-à-dire si l'uniformité primordiale eût cédé la place, sans transition, aux diversités de climat, de zone, de sol et d'exposition que nous avons sous les yeux, l'ébranlement aurait été si général et si profond que la végétation terrestre, abattue d'un coup, aurait à peine eu la force de survivre par quelques-uns de ses types les plus souples et les moins élevés. Mais les choses furent loin de se passer ainsi ; ce fut par nuances graduelles que le climat originaire s'altéra, que les zones et les latitudes se prononcèrent, que le sol accentua ses dépressions et ses escarpements ; que les continents, d'abord distribués en archipel, arrêtèrent leur contour. La flore houillère, expression suprême de cette uniformité des anciens âges, déclina longtemps avant de disparaître et non sans avoir été associée partiellement aux représentants les plus hâtifs du nouvel ordre de choses.

Il semble que l'atmosphère ait perdu tout d'abord de sa densité et de son étendue, qu'elle soit devenue plus perméable à la clarté solaire, avant même que l'égalité de la température eût cessé d'être universelle et qu'un certain abaissement calorique se fût manifesté vers les pôles. Aucun indice sérieux d'un refroidissement, même relatif, des régions arctiques ne se découvre dans la flore du Jura, et pourtant, à l'époque jurassique, le renouvellement avait été aussi absolu que général, et la substitution des conifères et des cycadées aux types carbonifères antérieurs accuse une des révolutions les plus complètes dont le règne végétal ait jamais offert le spectacle. Cette révolution, ce n'est pas assurément à une dépression de la chaleur dans l'extrême Nord qu'il faut en demander la cause, mais plutôt à une notable diminution de la quantité de vapeur d'eau contenue dans l'atmosphère. Celle-ci se trouve ramenée d'un état de tension et de saturation presque constantes à des conditions de moindre épaisseur et de transparence relative qu'elle n'avait pas encore présentées. Les aptitudes, bien définies, résultant de l'énorme développement des parties vertes, lâches et molles ou charnues, des végétaux houillers, mises en regard des exigences très différentes des cycadées, des conifères et de la plupart des plantes secondaires, constituées en vue d'un climat moins chaud et d'un ciel plus serein, sont de nature à appuyer ces conclusions, et les données géognostiques tirées de l'examen consciencieux des strates du trias,[1] époque durant laquelle la nouvelle végétation

1 Le *trias* répond à la période qui succède à celle des houilles, dont elle n'est sépa-rée que par le *permien*, et qui précède immédiatement la période *jurassique*, qu'elle touche par l'*infralias*.

Section III.

remplace des houilles définitivement éliminées, viennent les confirmer. Un géologue des plus consciencieux, M. d'Archiac, faisait ressortir, il y a des années, le caractère ambigu, la nature détritique, des assises du trias. Il montrait les accumulations de sables, d'argiles, de marnes, alternant entre eux, charriés de toutes parts par des courants tumultueux, remplissant des bassins qu'on ne saurait dire ni réellement marins, ni pleinement d'eau douce. Il semble que des masses d'eaux courantes aient sillonné, à cette époque, la surface des continents, tandis que certaines mers, situées à l'écart, donnaient lieu, en se desséchant, à des amas de sel, de gypse ou de dolomie. N'est-on pas porté à attribuer de tels accidents et de pareils contrastes à une lutte des éléments mal équilibrés, à ces alternatives et à ces extrêmes qui marquent le passage d'un état ancien à un ordre nouveau, lorsque le premier, irrémédiablement atteint, achève de se détruire sans que le second se soit encore définitivement établi et consolidé ? Lors du trias, l'atmosphère a perdu de son épaisseur ; elle tend à se dépouiller de ses brumes. Les saisons commencent à se prononcer. Les précipitations aqueuses ne sont plus continues ; elles sont séparées par des intervalles durant lesquels le ciel reste lumineux, éclairé par les rayons directs du soleil. Les types carbonifères, incapables de supporter longtemps cet éclat et de se maintenir en dehors des tièdes ondées qui leur sont indispensables, d'abord cantonnés sur certains points, ont fini par disparaître totalement. Puis, les averses reprennent, et, par une réaction obligée, elles succèdent à des temps de sécheresse relative, et leur violence, leur durée, sont d'autant plus prononcées que l'alternative qui les ramène a moins de constance et de régularité.

Tout cela n'empêche pas que, des approches de l'équateur aux alentours du pôle, il n'y ait encore partout la même distribution des formes végétales et qu'il ne règne, par conséquent, un climat sensiblement uniforme. L'étude des prèles, des conifères et des cycadées de l'âge jurassique conduit à le penser. On voit, quelle que soit au fond la véritable cause à invoquer pour l'explication du phénomène, que l'abaissement de la chaleur et la sérénité relative de l'atmosphère, les variations mêmes du climat dépouillé de sa constante humidité, aboutissant à des alternatives, puis à des saisons définitives, tout ce mouvement s'est opéré avant qu'il soit possible de découvrir des indices de refroidissement polaire.

Plus tard on constate l'inauguration de ce refroidissement, d'abord très faiblement accusé, puis faisant des progrès d'une période à l'autre, et dénotant le point de départ d'une des causes de différenciation les plus actives pour l'ensemble du règne végétal ainsi influencé. Alors seulement, et dans la mesure même de cette ordonnance des latitudes échelonnées, la végétation a perdu son uniformité première ; elle a vu ses éléments présenter des nuances et offrir des oppositions qui n'ont cessé de s'accentuer sous l'action permanente et toujours plus intense des influences locales et des causes secondaires qui se joignirent à la principale. C'est de la réunion et du conflit de tant d'influences et de causes prochaines ou éloignées, les unes générales, les autres particulières et accidentelles, que les espèces sont en définitive sorties. Elles ont toujours combiné leur action, et les causes locales ou, comme on dit en botanique, la station, ont d'autant plus concouru à différencier les plantes que les causes générales ont été elles-mêmes plus énergiquement accentuées.

Lorsque la température était égale et le climat à peu près le même partout, les régions et les expositions étaient loin d'entraîner autant de différences. Il y avait moins de particularités locales et par suite moins de causes de diversités. C'est ce que démontre effectivement l'étude des végétaux fossiles. À partir des temps les plus anciens, on ne s'achemine vers la variété que lentement et par degrés. Nous avons insisté plus haut sur l'extrême uniformité de la végétation du temps des houilles ; cette uniformité est déjà moins sensible lors des temps secondaires. L'humidité n'étant plus alors générale, on distingue, en comparant entre eux les gisements de cette époque, explorés en Europe jusqu'à présent, deux catégories de plantes, pour mieux dire, deux associations qui ne révèlent pas les mêmes aptitudes, et qui, sans doute, devaient s'exclure mutuellement ou du moins habiter de préférence des lieux différents et ne pas se trouver réunies sur un seul et même point.

À l'âge jurassique, la végétation, relativement pauvre, ne comprenait qu'un nombre d'espèces assez restreint. Il a été facile de constater que certaines d'entre elles se rencontraient toujours associées, sans se mêler à d'autres qui, de leur côté, se tenaient groupées à part des premières. Cette donnée a mis sur la voie

Section III.

d'une nouvelle observation en faisant voir que les lits respectifs d'où provenait l'une ou l'autre de ces deux catégories, n'avaient ni le même aspect ni la même composition, et que cette opposition impliquait des différences équivalentes en rapport avec la nature des circonstances qui avaient dû présider à leur dépôt. — D'une part, effectivement, ce sont des lits de charbon, des marnes ou des schistes en plaque et en feuillets, c'est-à-dire les indices qui marquent la présence d'une contrée basse et marécageuse, occupée par les eaux douces, et d'une flore soumise à leur influence immédiate. D'autre part, ce sont des grès, des calcaires littoraux ou des assises purement détritiques, entraînées par les courants et formées le plus souvent le long des rivages de la mer ou près des embouchures. Les plantes terrestres renfermées dans les roches qui viennent d'être énumérées se trouvent fréquemment mêlées à des restes d'animaux pélagiques ; elles ont été charriées par des ruisseaux et balayées sur le sol même où elles croissaient, à portée des anciennes plages.

Le dépôt charbonneux de Scarborough, dans le Yorkshire, celui de Palsjö, en Scanie, offrent des exemples complets de la première des deux sortes d'associations végétales. — Plusieurs gisements français, explorés dans la Meuse ou la Côte-d'Or, à Saint-Mihiel, près de Verdun ; à Étrochey, près de Châtillon-sur-Seine ; tout récemment à Beaune par M. Changarnier, se rapportent évidemment à la seconde des deux catégories. L'ensemble des plantes recueillies dans les trois localités françaises accusent des contrastes faciles à saisir, comparées à celles du Yorkshire, tandis que les traits communs qui les unissent attestent l'uniformité qu'affectait alors le tapis végétal, à la seule condition de quitter le bord immédiat des eaux pour interroger les parties agrestes et relativement sèches de l'ancien pays jurassique. Tout au contraire, il suffit d'avoir recours à des dépôts charbonneux ou schisto-ligniteux, antérieurs ou postérieurs par l'âge à celui de Scarborough, pour voir aussitôt reparaître les formes végétales caractéristiques de cette dernière localité. En un mot, les flores particulières donnent lieu à des coïncidences, à raison, non pas précisément de leur âge, mais surtout de la conformité des conditions qui présidaient à la formation des lits où vinrent se fossiliser les débris.

Au bord des eaux, dans les stations fraîches et sur les sols tourbeux, on aurait rencontré des prèles, de grandes fougères aux puissantes feuilles, les unes largement développées, les autres délicatement incisées. Auprès d'elles se groupaient plusieurs types de cycadées aux frondes ailées et flexibles ; enfin, des salisburiées, alliées plus ou moins proches du ginkgo japonais, et de curieuses saxodiées conifères, appartenant au même groupe que le cyprès chauve de la Louisiane, constituaient de préférence les massifs des régions humides.

Le spectacle n'est plus le même, dès que l'on s'attache à l'exploration des régions relativement sèches. On y rencontre une proportion notable de fougères petites, souvent menues et remarquablement coriaces ; des cycadées d'une taille des plus médiocres ; enfin des conifères élevées, mais distinguées par la raideur et l'épaisseur de leurs feuilles, hérissant les rameaux de crochets épineux ou les recouvrant d'une mosaïque d'écussons étroitement contigus. — Voilà donc une double association, ayant chacune ses espèces, sa physionomie et ses aptitudes bien définies, qui se partageait, pour ainsi dire, le domaine végétal de l'Europe jurassique. Actuellement, tout restant d'ailleurs pareil, notre monde des plantes, une fois fossilisé, serait loin d'offrir le même spectacle. S'il est donné plus tard à des créatures intelligentes de le retrouver et de le reconstituer longtemps après qu'il aura disparu, il sera sans doute impossible d'y découvrir une démarcation aussi nette ni l'existence de deux groupements de formes aussi tranchées. Les stations grandes et petites, les aires d'habitation, les régions elles-mêmes se sont multipliées pour le règne végétal, en même temps que les accidents de la surface. La flore a perdu sa simplicité première ; elle est allée en se compliquant et se subdivisant. Elle a donné naissance à des catégories et à des associations très diverses ; elle s'est scindée et différenciée, en sorte que chaque pays a maintenant ses espèces et que, dans chaque pays, le sol se prête à une foule d'accidents locaux, qui changent à chaque pas et se répètent en reparaissant, après avoir fait place à d'autres. Ces accidents fournissent ainsi aux espèces végétales tout un ensemble de conditions partielles d'existence, en correspondance avec les aptitudes qui se sont produites et accentuées à la longue. Au total, le règne végétal s'est différencié dans la mesure même des différenciations orographiques et climatologiques de la surface terrestre : celles-ci sont à considérer en réalité, si l'on veut se rendre raison de la nature des modifications éprouvées par les végétaux et de la direction imprimée à leur marche évolutive.

En d'autres termes, la terre se trouve divisée sous nos yeux, au point de vue de la répartition des plantes, en régions ou circonscriptions botaniques. Ces circonscriptions avaient paru à certains esprits devoir répondre à autant de centres de création, berceaux primitifs d'associations d'espèces qui auraient ensuite rayonné jusqu'aux frontières de chacune des aires juxtaposées. Mais, une fois que l'on tient compte de la durée et des transformations de la flore, il est naturel de rechercher plutôt à quel ensemble de phénomènes compliqués, à quel enchaînement de causes générales ou partielles sont dues l'origine et la formation de ces circonscriptions. — Il est indispensable, avant tout, de s'en faire une idée sommaire, et, pour cela, de recourir aux auteurs qui, depuis Humboldt et Pyrame de Candolle jusqu'à Grisebach, le plus récent de tous, se sont efforcés d'en présenter le tableau.

Humboldt, plutôt physicien et géologue que botaniste, a cherché à rendre les impressions qu'il avait ressenties en parcourant les contrées très diverses explorées par lui. La végétation, prise dans ses traits généraux, lui avait paru communiquer à chacune d'elles une physionomie à part dont il avait voulu définir les caractères sans pour cela descendre dans les détails relatifs à la distribution des espèces. Les contrastes qu'il a fait ressortir tenaient surtout à la présence exclusive de certains végétaux : les palmiers et les bananiers, par exemple, à l'intérieur des tropiques ; les arbres à feuillage persistant dans le voisinage, mais en dehors des tropiques ; la verdure tendre et printanière des masses forestières de nos pays, opposée au sombre aspect des sapins qui dominent à mesure qu'on s'avance vers le nord ou qu'on gravit la cime des montagnes, c'étaient là des images saisissantes pour un savant dont l'âme était ouverte aux émotions de l'artiste et qui ne négligeait aucune occasion de les traduire. Pyrame de Candolle était, au contraire, uniquement botaniste et exclusivement préoccupé de la distribution géographique des espèces. Comme l'a dit son fils,[1] il espérait réussir à déterminer des espaces quelconques, offrant une réunion d'espèces véritablement aborigènes, c'est-à-dire nées

---

1 *Géographie botanique raisonnée*, p. 1300. Paris et Genève, 1855.

Gaston de Saporta

sur place, et il énumérait ainsi vingt régions demeurées distinctes en dépit même des introductions postérieures. Ces régions, M. A. de Candolle, reprenant la pensée de son père, les avait plus tard portées à cinquante. Chacune aurait eu en propre au moins la moitié de la totalité des espèces qu'on y rencontre ; mais cette règle avait elle-même quelque chose d'arbitraire, et des recherches plus minutieuses auraient entraîné la création inévitable de nouvelles régions intermédiaires aux premières, servant à les rejoindre et à les confondre finalement. Schouw, après des tâtonnements, s'était attaché à définir chacune de ses régions par la prédominance de certaines familles, de certaines formes caractéristiques de plantes, accentuant la physionomie du paysage, en même temps qu'il s'appuyait sur les convenances géographiques et les conditions de climat des circonscriptions établies par lui. Cette voie était réellement la seule qui pût conduire à quelque résultat, au point de vue de la répartition contemporaine des plantes, sans rien préjuger au sujet de leur origine première. On conçoit, en effet, une espèce étant donnée, qu'il reste à savoir d'où elle est venue, et si son rôle, son habitat et ses caractères dans le passé n'ont pu différer beaucoup, à un moment déterminé de son existence antérieure, de ce qu'ils sont actuellement sous nos yeux.

Grisebach[1] n'a fait que suivre, en la perfectionnant, la méthode de Schouw. Sans se préoccuper des origines de la flore, il a pris le globe tel qu'il se présente à nous au point de vue de la distribution des plantes à sa surface, s'attachant à leur répartition caractéristique en un certain nombre de régions qui, par des traits spéciaux de sol et de climat, par un ensemble d'accidents de terrain, se distinguent entre elles et possèdent respectivement une végétation particulière. Ces régions ou domaines, selon l'expression de Grisebach, sont très inégaux. Ils diffèrent, le plus souvent, d'étendue et de disposition selon que l'on interroge l'ancien ou le nouveau continent, mais surtout à mesure que, des alentours du pôle arctique, vers lequel les deux continents tendent à se rejoindre, on marche dans la direction de l'équateur, et, plus au sud, au sein des mers australes, jusqu'aux extrémités de plus en plus écartées des principales masses péninsulaires. C'est ainsi que le domaine

---

1 A. Grisebach, *la Végétation du globe, d'après sa disposition suivant le climat*, traduit de l'allemand, par. P. de Tchihatchef, 2 vol. grand in-8°. Paris, 1875-78.

le plus septentrional, celui de la flore arctique, caractérisé par l'absence d'arbres, est commun au nord des continents américain et asiatique, dont il occupe la lisière boréale. Immédiatement adossé au domaine précédent s'étend le domaine forestier, qui, d'une part, englobe l'Europe jusqu'aux Alpes, aux Pyrénées et au Danube, avec la Sibérie presque entière, et, d'autre part, comprend en Amérique la Nouvelle-Angleterre avec le cours du Mississipi, la région des lacs jusqu'à l'Alaska et aux plages du Pacifique. Ici, les deux domaines comparés, l'occidental et l'oriental, sans être entièrement identiques, offrent pourtant d'étroites analogies et se correspondent trait pour trait. Les pluies sont assez abondantes en toutes saisons, d'un bout à l'autre du domaine forestier, pour entretenir de puissantes forêts d'arbres feuillus, dépouillés pendant l'hiver, à la verdure tendre renouvelée d'année en année, tandis que sur les massifs montagneux s'étagent de puissantes associations de conifères au feuillage sombre et persistant : pins, sapins, ifs. L'homme civilisé a tendu d'âge en âge à modifier cet état de choses en substituant ses cultures aux forêts, qu'il a détruites ou amoindries. Il n'en reste pas moins visible partout où cette action n'a pas encore pénétré, et l'histoire est là pour en attester l'ancienne existence.

Au sud du domaine forestier se trouvent échelonnées trois séries de domaines, qui se prolongent parallèlement dans la direction de l'équateur et des mers australes. En Europe, c'est d'abord le domaine méditerranéen, dans lequel les arbres et arbustes à feuillage dur, d'un vert grisâtre ou lustré, étroit et allongé, tels que les yeuses, lauriers, myrtes, filarias, cistes, lentisques, lauriers-rose, romarins, etc., couvrent le sol d'une verdure ordinairement maigre, luxuriante par exception au bord des eaux courantes, sous un ciel presque toujours serein. À ce domaine succède celui du Sahara, presque sans pluies, où la végétation ne forme plus que des îlots épars ou oasis que caractérise la présence du dattier. Puis vient l'Afrique équatoriale ou soudanienne, avec ses baobabs, ses mimosées, et tout ce cortège de dragonniers, de pandanées, de palmiers, de bananiers, qu'entraîne l'influence du soleil des tropiques, sur les points où les pluies ne font pas défaut. Le Cap forme, à l'extrémité du continent, un domaine à part où reparaissent les bruyères, où se montre tout un cortège de protéacées, de térébinthacées, de plantes bulbeuses de types entièrement spéciaux ; mais, entre le domaine du Cap et le Soudan, s'interpose le désert de Kalahari, région presque sans pluies, qui répète le Sahara sur une plus petite échelle, à une latitude et dans des conditions à peu près équivalentes.

Remontons maintenant en Asie : au centre de ce vaste continent, en l'absence d'une mer intérieure dont la Caspienne, l'Aral, plus loin le Baïkal jalonnent l'ancienne direction, entre le pays des Kirghiz et le Golfe-Persique, entre l'Altaï et les crêtes de l'Himalaya, des rives de l'Euphrate aux frontières de la Chine, s'étend le domaine des steppes qui réunit les traits confondus des domaines méditerranéen et saharien. Là, les pluies sont rares en tout temps, l'hiver est rude, l'été sec et chaud, la végétation maigre et pauvre, sauf sur les points restreints où les précipitations aqueuses deviennent abondantes et favorisent l'essor d'une flore qui revêt alors un caractère d'opulence, de vigueur, et une physionomie toute méridionale.

L'extrême Orient de l'Asie, de la Mongolie aux contreforts de l'Himalaya, de Sakalin au nord à Hong-Kong au sud, le long du Pacifique, constitue le domaine chino-japonais, qui n'a pas de correspondant sur les plages opposées de l'Atlantique, sauf peut-être un coin du Portugal, aux environs de Coimbre, où l'abondance des pluies est exceptionnelle, comparée à ce qu'elle est partout ailleurs, à la même latitude, sur le pourtour méditerranéen. — Le camélia, le thé, le camphrier, les chênes verts, le cycas du Japon, l'oranger, les pivoines, les bambous, certains palmiers ornementaux, dont l'un tend à s'acclimater dans le midi de la France : tels sont les traits de ce domaine, qui opère la transition à celui « des moussons tropicales. » Ce dernier englobe, avec les Indes, les îles de la Sonde et la Papouasie ; il répond au Soudan africain. — Les splendeurs végétales du domaine des moussons, avec ses hauts palmiers, ses cocotiers, sagoutiers et rotangs, ses scitaminées et pandanées, ses masses de figuiers, d'artocarpées, de laurinées, ses bambous géants, ses mangliers, ses lianes et orchidées épiphytes, provoquent l'admiration de tous ceux qui sont admis à le contempler pour la première fois. Nos humbles jardins d'hiver en traduisent l'image affaiblie : ces splendeurs sont uniquement dues à la combinaison de la plus grande chaleur possible avec l'humidité la plus intense, résultant de précipitations aqueuses prolongées et périodiques. Les intervalles qui séparent celles-ci ne sont jamais assez prolongés pour entraîner le dessèchement complet du sol ni de l'atmosphère, ou du moins pour que les plantes aient trop à souffrir de ces temps de repos qui répondent à l'hiver de nos pays. Plus au sud vient l'Australie avec ses végétaux si particuliers, mimosées, eucalyptus, protéacées : c'est le Cap agrandi, avec des parties désertes vers le nord, qui reproduisent le Kalahari africain. En Amérique, c'est à la configuration générale, échancrée et amincie vers le milieu, mais encore plus à la direction nord-sud de l'immense chaîne des Andes et Cordillères, courant de la Californie au Chili, au lieu de s'étendre transversalement à l'exemple de l'Himalaya, qu'il faut attribuer les divergences qui se produisent entre les deux continents, dans l'ordre et la répartition des domaines. Malgré tout, on voit encore percer des analogies, qu'il est naturel d'attribuer aux lois générales qui président à la distribution des climats et à l'influence des courants de l'atmosphère. À côté du domaine forestier, se place l'étroit domaine californien ; assis le long du Pacifique, il rappelle celui de la Méditerranée, avec des conditions plus égales. L'abondance des conifères, la puissance des séquoïas, la fréquence des arbres verts, chênes et lauriers, caractérisent ce domaine, où nos figuiers, notre vigne, nos céréales se sont acclimatés si facilement et ont pris une si rapide extension. Le domaine des prairies, compris entre le précédent et le Mississipi, reproduit le facies des steppes par la rareté des précipitations aqueuses, combinée avec l'absence des formes arborescentes.

Le plateau mexicain vient ensuite : ici, l'altitude, atténuant les effets de la latitude, entraîne la présence d'une végétation spéciale, dont les traits semblent empruntés en grande partie aux vallées sous-himalayennes. La famille des chênes y présente les formes les plus riches et les plus variées. Les pins et les sapins peuplent les croupes montagneuses et descendent plus ou moins, tandis que les palmiers, les cycadées, les cactées, lauriers, broméliacées, les fougères en arbres, remontent des régions basses et chaudes et se mêlent plus ou moins aux formes caractéristiques des pays tempérés. Le domaine « des Indes occidentales » comprend les Antilles et rachète par son opulence sa faible étendue. Dans l'Amérique méridionale, plus divisée au point de vue de la distribution des végétaux que l'Asie ou l'Afrique, Grisebach distingue un domaine « ciséquatorial » (Orénoque, Santa-Fé), celui de l'Hylaca, qui répond au bassin de l'Amazone, le domaine « brésilien » et, sur le versant opposé du Pacifique, celui des Andes ; plus au sud, le domaine des pampas reporte l'esprit vers le Kalahari et les déserts de l'Australie intérieure ; enfin le domaine forestier « antarctique » trahit des analogies avec la Nouvelle-Zélande et l'Australie du Sud.

Au total, à partir du domaine arctique et de l'extrême nord, Grisebach énumère dix domaines pour l'ancien continent, dont un commun à l'Europe et à l'Asie, le domaine forestier, et cinq en partant de l'Europe méridionale jusques et y compris le Cap africain, tandis que l'Asie en présente quatre des rives de l'Amour à la pointe de la Tasmanie. Restent en dehors les îles de l'océan, classées et examinées à part par Grisebach ; certaines, comme Madagascar, paraissent constituer un domaine distinct. En Amérique, les domaines échelonnés depuis le domaine arctique sont au nombre de onze ; ils se succèdent de l'embouchure du Mackensie et de la baie d'Hudson jusqu'au cap Horn.

En soumettant les domaines végétaux à une vue d'ensemble, on reconnaît que leur raison d'être doit être cherchée dans la configuration et le relief des masses continentales, combinés avec les lois régulatrices de l'influence des latitudes et celles qui régissent les courants atmosphériques, d'où dépendent les précipitations aqueuses. Chacun de ces domaines n'est ainsi qu'une résultante de ces trois facteurs associés. Les analogies qu'on remarque entre les continents comparés à ce point de vue tiennent à l'action uniforme sur tout le globe des effets de la latitude et des vents, qui président à la marche et à la condensation des nuages, tandis que les différences que l'on observe tiennent évidemment aux modifications apportées à ces mêmes lois par la disposition inverse du contour et du relief des terres de l'ancien monde comparées à celles du nouveau.

L'un d'eux, en effet, est allongé dans le sens des méridiens, échancré et aminci aux approches du tropique du Cancer, entre le 30e et le 10e degré de latitude nord, c'est l'Amérique. L'autre s'étend, au contraire, dans le sens des latitudes, c'est-à-dire transversalement, et sa largeur est immense, mesurée entre la côte occidentale du Maroc et la mer de Chine, à la hauteur du 30e degré. Aucune interposition de mer, si l'on néglige la terminaison supérieure de la Mer-Rouge et l'extrême fond du Golfe-Persique, ne se fait remarquer. Plus au nord, de la Bretagne à l'embouchure de l'Amour, vers le 50ᵉ degré de latitude, cette largeur est encore plus considérable et la continuité de l'espace continental encore plus absolue. On comprend très bien que de semblables divergences, en influant directement sur le climat, aient entraîné des diversités correspondantes dans la distribution des domaines végétaux.

Ces sortes de domaines une fois constitués à la suite d'une accumulation d'événements partiels et successifs, on conçoit également que les plantes comprises dans les limites de chacun d'eux aient dû s'accommoder des conditions de milieu qui leur étaient départies ou, mieux encore, être favorisées par elles. Dans le cas contraire, elles ont dû périr ou s'éloigner. En deux mots, il leur a fallu prendre l'essor, plier ou disparaître. On le voit, les espèces que le botaniste observe dans chaque domaine particulier sont loin d'en être nécessairement indigènes ; elles ne dépendent pas, comme le présumaient de Candolle et Agassiz, d'un centre de création où elles auraient eu leur berceau natal ; elles n'ont pas été créées en vue de la circonscription qu'elles occupent, mais la circonscription, en se constituant, a dû soit garder, soit emprunter à un pays voisin les éléments végétaux qu'elle possède, et les plantes régionales auront été celles que les conditions nouvellement établies favorisaient, ou celles encore qui réussirent le mieux à s'y adapter. Par conséquent, les plantes seraient antérieures, soit comme espèces, soit en tant que types, au domaine habité par elles, ainsi qu'aux circonstances physiques auxquelles le domaine devrait son existence. Il suffirait de l'altération de ces mêmes circonstances pour que, fatalement, la végétation fût aussi vouée au changement ; nous ne voulons pas dire, et nous insistons à dessein sur ce point, que les espèces atteintes par un pareil changement modifieraient aussitôt leur organisation et donneraient l'exemple de véritables métamorphoses ; mais enfin, d'une façon ou d'autre, la flore ne garderait ni le même aspect, ni la même composition ; elle acquerrait certaines espèces et en perdrait d'autres, et, tandis que les formes auparavant dominantes reculeraient, d'autres, en revanche, antérieurement obscures ou retenues à l'écart, envahiraient le sol et prendraient la place des devancières. La meilleure preuve qu'il en serait ainsi, c'est que nous trouvons dans le passé sérieusement interrogé une confirmation éclatante de cette manière d'envisager les choses.

Gaston de Saporta

Les enseignements de la géologie font voir que la configuration des continents a été sujette à d'incessantes oscillations, en sorte que, d'une époque à l'autre, ils n'ont affecté ni les mêmes contours ni les mêmes reliefs ; la direction des vallées et le cours des fleuves ont varié comme tout le reste. — Lors du quaternaire, l'Angleterre était soudée à la France, l'Allemagne du Nord noyée sous les eaux ; nos principales chaînes disparaissaient sous d'immenses glaciers. En remontant plus loin, jusque dans les temps tertiaires, on rencontre une Europe dont les Alpes sont absentes, tandis que la mer découpe le milieu du continent et le prolonge jusqu'au centre de l'Asie. L'Afrique et l'Espagne communiquent ; l'Italie n'est encore qu'une série d'îlots. — À l'époque de la craie moyenne, l'Europe vient à peine d'acquérir les proportions d'un continent ; peut-être servait-elle d'appendice à une terre cachée depuis sous les flots de l'Atlantique. Paris a été longtemps un golfe : lors de la période néocomienne, ce golfe semble avoir été cerné par une ceinture de hautes montagnes boisées. Dans un âge un peu postérieur, le « cénomanien, » une grande mer vint occuper l'intérieur de l'Amérique du Nord et couvrit longtemps la vallée du Missouri et les plaines de l'Arkansas. Ces exemples, pris en courant parmi les premiers qui s'offrent à la pensée, suffisent pour démontrer combien la surface de notre globe a subi de bouleversements physiques. Le climat et la température n'ont pas été soumis à de moindres altérations à partir de l'égalité originaire. Ce sont bien là, nous ne saurions en douter, les facteurs à l'action combinée desquels sont dus en réalité les domaines végétaux que nous avons passés en revue. Ceux-ci, par cela même, au lieu de représenter le berceau des espèces qu'ils comprennent, loin d'être pour la végétation locale un point de départ et d'origine, traduisent uniquement une des phases de cette végétation, la dernière et la plus récente de celles qui se sont succédé à la surface du globe. À chaque révolution physique qui s'opérait, la végétation influencée par elle a dû se mettre en harmonie avec les changements survenus, avant d'offrir l'aspect qu'elle a dans chaque région déterminée ; mais cet aspect, loin d'être immuable, est susceptible de varier de nouveau, de même qu'il a été amené le plus souvent par des gradations insensibles.

Affectées dans leur raison d'être par les révolutions physiques, les formes végétales, tout en subissant à la longue de véritables

Section III.

transformations, ne sont pas demeurées non plus enchaînées aux mêmes lieux ; elles ont changé de place selon les temps et les circonstances. Aux ébranlements extérieurs ont répondu à toutes les époques des évolutions organiques et des déplacements d'une amplitude plus ou moins marquée. C'est par toutes ces causes réunies : abaissement de la température, altérations des climats, modification des surfaces et des attenances continentales, déplacement des espèces, élimination des unes et extension ou cantonnement des autres, que les domaines végétaux n'ont cessé de présenter des différences, d'une période à l'autre, dans le cours immense du temps écoulé depuis l'épanouissement des premières flores et encore plus depuis le moment où le froid polaire eut commencé de se manifester, en accentuant graduellement son intensité.

Il est possible de constater, en effet, que, vers le milieu des temps tertiaires, le domaine forestier de l'hémisphère boréal, maintenant presque partout limité par le cercle polaire, s'étendait justement au-delà et au nord de cette barrière, occupant l'espace abandonné de nos jours à la flore arctique. Les sapins et les ifs, les hêtres et les bouleaux, les chênes à feuilles caduques, les ormes et les charmes, les platanes et les tilleuls, enfin les érables, qui constituent le fond des grandes forêts et des plaines boisées, en Europe comme en Asie ou dans l'Amérique du Nord, peuplaient alors les approches du cercle polaire, jusqu'au-delà du 70e degré de latitude nord. — L'emplacement actuel de ce domaine, ainsi reporté beaucoup plus au nord, constituait à son tour, à la même époque, un domaine spécial dont les éléments, présentement disséminés et en partie éliminés, peuvent être reconstitués cependant à l'aide des plantes fossiles. Pour opérer cette reconstitution, il faut réunir en un même ensemble harmonieusement combiné les séquoias de Californie, les palmiers-sabals des Antilles, les dattiers africains, joindre aux chênes verts du Mexique et du Texas ceux du Népaul et du Japon, demander à la Chine ses aralias, au Japon méridional son camphrier, ses plaqueminiers, associer à des figuiers, à des acacias, à des térébinthes, à des jujubiers africains ou sud-asiatiques, le hêtre d'Amérique, le charme et les ormes, les principaux érables des pays tempérés, et l'on obtiendra un tableau résumé de ce domaine forestier de l'ancien monde tertiaire. On voit que les traits en sont actuellement épars, et que c'est plus au sud, dans les domaines californien ou mexicain, dans le méditerranéen et le chino-japonais, même dans l'Inde, qu'il faut en rechercher les éléments disjoints.

Mais ce domaine n'est pas le seul que l'on observe dans l'Europe tertiaire : celle-ci, loin de rester immuable, a changé plusieurs fois d'aspect, au cours de cette période. Avant d'être découpée par la mer molassique et d'avoir servi de cuvette aux grands lacs qui précédèrent l'invasion de cette mer, notre continent avait été successivement reçu dans deux autres mers : la mer tongrienne ou « oligocène, » et la mer nummulitique ou « éocène ». Pendant leur durée, la France et une partie au moins de l'Europe du Sud constituèrent un domaine végétal différent de celui dont il vient d'être question, c'est-à-dire soumis à d'autres conditions de climat, avec une autre distribution de sol et de saisons, recevant des précipitations aqueuses plus rares en été, plus abondantes peut-être à certains moments de l'année. De là une flore revêtue d'un caractère tout particulier, riche et variée, mais avec des formes maigres, un feuillage sans ampleur, des arbustes plutôt que des arbres, une taille relativement inférieure à celle des végétaux qui dominèrent à partir de « l'aquitanien. » En un mot, c'est un domaine végétal d'affinité africaine, ou africo-indienne, excluant cette exubérance que la flore actuelle affecte sous les tropiques dès qu'elle rencontre une humidité suffisante pour favoriser son essor. Monte-Bolca, en Italie, les marnes du Trocadéro, à Paris, les grès du Puy-en-Velay, les gypses d'Aix, sans compter d'autres localités, ont fourni ensemble près de cinq cents espèces ayant appartenu à plusieurs niveaux de la même période ; il est donc possible d'interpréter les élémens qu'elle comprenait.

Les séquoïas californiens sont ici remplacés par les callitris d'Algérie[1] et les genévriers du Cap (*Widdringtonia*). Les palmiers-éventail (*Flabellaria*), et aussi les dattiers, dont il existe un exemplaire accompagné de son régime, sont de taille, sinon petite, du moins

---

1 Le callitris (*Callitris quadrivalvis Vend.*) est l'arbre dont les pieds **âgés** fournis-saient aux Romains le fameux bois de cèdre ou cédrat, faussement interprété comme un bois de citronnier, dont les riches sénateurs se servaient pour construire des tables d'un grand prix (*mensæ cedrinæ*), a raison de la rareté de ce bois, de son poli, de la beauté de ses veines, enfin de la difficulté de s'en procurer de grandes pièces. Ce même bois est encore recherché par l'ébénisterie et la marqueterie de luxe.

44

médiocre. Les ciriers, les figuiers, les araliacées, sont assimilables à ceux du Cap ou de l'Abyssinie ; les lauriers, les camphriers, les canneliers confinent à ceux de l'Inde ou du Japon ; les acacias ou gommiers sont multipliés. Les chênes n'ont que des feuilles petites, dures et entières ; les ormes et les bouleaux sont encore très rares et comparables à des formes maintenant cantonnées dans les parties chaudes de l'Asie orientale. On rencontre des lauriers-rose, des catalpas, des allantes, des bombacées, des gainiers, des jujubiers, probablement encore des composées frutescentes, des dragonniers, même des bananiers, associés à des pins, à des roseaux, à des plantes aquatiques, submergées ou flottantes, qui peuplaient de leur foule les bassins où s'épanchaient des eaux thermales. Cet ensemble, sur lequel nous n'insistons pas, révèle des combinaisons et une physionomie très éloignées de celles que le domaine signalé plus haut nous avait découvertes. Il faut aller maintenant plus loin, dans la direction du sud, ou même explorer les environs du Gap pour retrouver des traits d'analogie. Du reste, le contraste qui naît du rapprochement des deux anciens domaines comparés n'est pas plus prononcé que celui qui résulte sous nos yeux des domaines forestier et méditerranéen, ou de ceux des prairies et du littoral californien, mis en regard l'un de l'autre. Seulement, au lieu d'être juxtaposés, ceux dont nous avons esquissé les caractères se sont substitués l'un à l'autre. Ce n'est pas la première fois que des phénomènes successifs dans le temps se trouvent être les équivalents d'autres phénomènes échelonnés à travers l'espace. L'abaissement de la température terrestre, dans sa marche chronologique, a suivi, au moins d'une façon générale, le même ordre de décroissance que celui dont les latitudes graduées, de l'équateur au pôle, présentent le tableau. Les deux séries, on peut le dire, coïncident sans se confondre, celle que le temps a réalisée ayant de visibles analogies avec celle qui occupe l'espace. Toutes deux nous traduisent, en se complétant l'une par l'autre, l'image fidèle, bien qu'affaiblie, des révolutions d'autrefois, aussitôt que, soit à l'état vivant, soit à l'état fossile, nous interrogeons les flores régionales avec leurs fluctuations, leurs contrastes, leurs épaves et leurs mélanges inévitables, avec leurs espèces dominantes qui subordonnent, sans les éliminer immédiatement, des formes dont la raison d'être demeure inscrite au fond du passé.

Gaston de Saporta

Section IV.

L'étude du phénomène dont nous venons d'exposer le sens et de déterminer la portée facilite singulièrement notre tâche en nous découvrant la nature du *processus* d'où l'espèce végétale est dérivée, comme un dernier résultat de tout un ensemble d'actions combinées. Puisque des domaines végétaux se sont substitués à d'autres, à la faveur du temps, et que des plantes, d'abord confinées par-delà le cercle polaire, se sont répandues plus tard vers le sud, tandis que d'autres ont dû regagner le voisinage des tropiques, après s'être longtemps avancées librement au nord ; puisque des catégories entières, comme des dicotylées lors de la craie, auparavant inconnues, ont pris rapidement possession de larges étendues, et qu'enfin les flores de chaque domaine se pénètrent le long de leurs frontières respectives et possèdent une notable proportion d'espèces communes, ce sont là des preuves assurées des déplacements qui auront eu lieu jadis soit par émigration et extension, soit par voie d'élimination et de retrait partiels des végétaux, tandis que leur distribution même à l'intérieur des stations qu'ils occupent de préférence, leur rayonnement d'un ou plusieurs points donnés, attestent leur cantonnement antérieur, sauf en ce qui concerné ceux qui, plus ou moins cosmopolites, sont justement caractérisés par leur diffusion et leur indifférence à l'égard de conditions d'existence déterminées.

En se déplaçant, c'est-à-dire en cheminant devant elle, l'espèce végétale court la chance presque inévitable de varier plus ou moins à mesure qu'elle s'expose à rencontrer des conditions nouvelles et qu'elle tend à s'en accommoder. Par cela même, elle se cantonnera en séjournant sur les points qu'elle aura abordés, et ce séjour entraînera à la longue la consolidation héréditaire des différences graduellement acquises. — Pour mieux se rendre compte de cette marche et des effets qu'elle comporte, il faut s'attacher à des types assez fixes par eux-mêmes et n'ayant éprouvé dans le cours des âges que de très faibles modifications, assez répandus en même temps pour avoir laissé d'eux dans le passé de nombreux vestiges de leur présence. Prenons quelques-uns de ces types : le cèdre, le sapin, le lierre, la vigne, et nous saisirons sans trop de difficultés comment les espèces qui relèvent de chacun d'eux ont dû se constituer.

Ce que nous allons dire sera applicable par analogie et, sauf les innombrables particularités individuelles, à tout l'ensemble du règne végétal.

Nous avons mentionné plus haut les montagnes qui cernaient le golfe néocomien, dont l'emplacement de Paris marque le centre. Le pourtour circulaire de ce golfe, en partant de Mons et des Ardennes, passait par la Haute-Marne et l'Orléanais, remontait vers Angers pour aller atteindre Le Havre et échancrait plus loin le sud de l'Angleterre ; il s'ouvrait ainsi dans la direction du nord. C'est sur la croupe de ces montagnes, au début de la période crétacée, que se dressaient les premiers cèdres dont on ait connaissance. Leurs cônes seuls sont venus, il est vrai, jusqu'à nous ; mais ces organes sont nombreux et tellement intacts que leur détermination n'offre pas plus de difficultés que s'il s'agissait de ceux du Liban ou de l'Atlas. Entraînés sans doute par les eaux torrentielles qui ravinaient les anciens escarpements, les cônes fossiles dénotent l'existence probable d'un certain nombre d'espèces de cèdres crétacés ; mais ces espèces, celle de La Louvière, en Belgique, celle du Havre, celle d'Angleterre, ne diffèrent pas plus entre elles que les cèdres de l'Atlas, du Liban et de l'Himalaya, comparés au point de vue de leurs strobiles. Seulement, à l'état fossile, ceux-ci présentent la particularité d'avoir pu se détacher naturellement de l'arbre qui les portait, munis de leurs écailles demeurées en connexion, tandis que les cônes des cèdres actuels persistent sur la branche et se désagrègent à la maturité en disséminant les graines et les écailles, à l'exemple de ce qui se passe chez les vrais sapins.

C'est pour cela qu'au lieu d'écaillés éparses, on recueille dans les divers gisements que nous avons cités des cônes entiers et visiblement caducs. Pour nous, c'est une preuve que la désagrégation des strobiles constitue chez les cèdres une particularité acquise postérieurement à l'âge néocomien, et ce changement serait peut-être le seul qu'ils auraient éprouvé dans le cours de tant de périodes. Le type lui-même se serait déplacé. Sa patrie d'origine devrait être reculée jusque dans le Nord. C'est de là que les cèdres auraient émigré d'abord en Europe, d'un côté, et, de l'autre, dans l'Asie intérieure ; plus tard, ils auront gagné l'Atlas, le Taurus et le Liban, enfin les contreforts de l'Himalaya. De nos jours, le déodora, le cèdre du Liban et celui de l'Atlas forment trois groupes spécifiques séparés par de grands espaces superposés et dont les divergences partielles donnent la mesure de l'influence exercée sur chacun d'eux par le cantonnement. Seulement, dans l'espace comme à travers le temps, la faible plasticité du type a fait qu'il ne s'est jamais produit que des nuances distinctives peu accentuées, et certains auteurs ont été jusqu'à réunir tous les cèdres en une espèce unique dont les races de l'Atlas, de l'Asie antérieure et de l'Inde feraient partie à titre de simples variétés locales.

Les sapins ont laissé leurs premiers vestiges dans les couches jurassiques de l'extrême-nord, au Spitzberg, à Andö, sur la côte de Norvège, dans la Sibérie de l'Irkoutsk. On en connaît des feuilles et même une écaille détachée du cône dont elle faisait partie. Les sapins paraissent donc avoir pris naissance au sein des régions boréales : de là, ils se seront répandus vers le sud en occupant successivement diverses chaînes de montagnes. Les gisements de plantes fossiles se rapportant presque toujours aux bords des lacs ou à l'embouchure des cours d'eau, il se trouve que la végétation des massifs montagneux de chaque période nous est généralement inconnue ; mais en interrogeant la flore tertiaire du Spitzberg et celle de la Terre-de-Grinnel, par 78 degrés et 81°,44' latitude nord, nous rencontrons non-seulement des sapins, mais encore une espèce tellement rapprochée du sapin argenté d'Europe que Heer l'a identifiée sans hésitation à celui-ci. Ainsi nous aurions reçu des régions polaires le sapin, qui actuellement ne dépasse pas l'Europe moyenne et se trouve exclu, à l'état spontané, de la Grande-Bretagne et de la Scandinavie. Le sapin, ordinaire aurait justement habité ces deux pays avant de pénétrer en Allemagne et en France et de venir s'y substituer à d'autres sapins plus anciens que lui sur notre sol, éliminés eux-mêmes et relégués maintenant sur les montagnes du sud de l'Europe, telles que la Sierra Nevada, le Parnasse et le Mont-Olympe. Effectivement, les découvertes de M. Rames dans les déjections ou « cinérites » de l'ancien volcan du Cantal ont procuré les écailles et les rameaux d'un sapin tertiaire prédécesseur du sapin argenté et strictement intermédiaire aux sapins actuels de Numidie, d'Apollon et du Mont-Olympe. Les différences entre tous ces sapins se réduisent, lorsqu'on s'attache à les définir, à de faibles nuances relatives à la forme des écailles, à la dimension des cônes, à la terminaison acérée, arrondie ou échancrée du sommet des feuilles. C'est en émigrant d'abord, en se cantonnant ensuite sur une chaîne ou dans une contrée que ces formes ont fini par revêtir les caractères qui les distinguent. Le sapin argenté, introduit en Allemagne dans le cours du tertiaire, s'est étendu à la faveur du refroidissement du climat ; il s'est ainsi substitué à ses devanciers ; il s'est cantonné à son tour, puisqu'il habite les Alpes, le Jura, le Cantal, les Pyrénées sans se montrer dans les plaines et vallées intermédiaires. Il pourrait, à son tour, varier sous l'influence des conditions locales ; déjà même la race du Cantal a paru se distinguer par certains côtés. Mais le temps seul peut, en consolidant ces nuances, les rendre assez sensibles pour justifier une séparation. Il est certain toutefois que d'une espèce de sapin à une autre la distance se réduit le plus souvent à des variations de détails si peu tranchées que le botaniste parvient à peine à les définir.

Les traces répétées et instructives laissées par le lierre éclairent d'un jour précieux l'histoire de cette plante. Actuellement, le lierre est, parmi les végétaux de l'ancien monde, un des plus répandus, bien qu'il soit absent de l'Amérique. Il s'étend du nord de l'Algérie et des îles Canaries jusqu'en Suède, et de l'Irlande au Japon, dans le sens des méridiens. À l'intérieur de l'Asie, il pénètre jusqu'au nord de l'Inde, dans les hautes vallées sous-himalayennes. Dans cet immense périmètre, il présente une foule d'aspects et se subdivise en races locales qui, pourtant, ne sont jamais ni assez distinctes ni assez fixes pour constituer de véritables espèces. Ce sont des nuances morphologiques, dont la culture n'a fait qu'accroître le nombre ; mais ces nuances trahissent la présence d'un seul et même type adapté très anciennement au rôle que nous lui connaissons, celui de chercher un appui en rampant sur le sol, en s'appliquant contre les rochers ou grimpant contre les tiges des autres arbres, à l'aide de fausses radicules qui adhèrent à la surface des corps envahis et enveloppés. Le lierre a cette faculté de produire des rameaux appliqués et des rameaux libres, ayant chacun des feuilles spéciales ; les seconds seuls étant destinés à émettre des fleurs et à porter des fruits, les premiers demeurant stériles. C'est là, remarquons-le, une adaptation visiblement acquise à une sorte de faux parasitisme qui s'exerce dans des conditions déterminées, favorables à l'extension de la plante que nous considérons. Celle-ci a dû contracter graduellement les habitudes qui la distinguent, se répandre et différencier peu à peu ses rameaux et ses feuilles. Enfin, elle a dû s'étendre à raison des facilités que ces habitudes lui procuraient, puisque partout elle rencontrait des rochers et des arbres à recouvrir. L'uniformité des conditions que recherche le lierre explique comment il n'aura éprouvé, en se cantonnant, que des variations superficielles assez fréquentes pour multiplier les races, jamais assez profondes pour donner lieu à des espèces proprement dites.

Lorsqu'on remonte la série des terrains et des étages, on suit le lierre jusque dans la craie cénomanienne de Bohême. Les larges feuilles arrondies de ce lierre primitif laissent à peine entrevoir une différence entre celles des rameaux libres et celles des rameaux appliqués. L'adaptation du type aux conditions d'existence que nous avons définies était sans doute encore incomplète et les caractères qu'elle a fait naître imparfaitement prononcés. Le lierre moins ancien du paléocène de Sézanne est bien plus rapproché du nôtre : les feuilles sont plus petites ; celles des rameaux appliqués, maintenant reconnaissables, ont un contour anguleux qui répond à des commencements de lobes. La différence qui sépare ces feuilles de celles des rameaux libres est visible, bien qu'assez faiblement accusée. Le lierre éocène des gypses d'Aix a subi l'influence du climat sec et chaud de la région qu'il habitait un peu avant le milieu des temps tertiaires : ses feuilles sont petites, mais décidément lobées, et le lobe terminal s'allonge en pointe, comme dans la race actuelle dite « lierre d'Alger. » À partir de cette époque, les races locales ont dû commencer à se prononcer. Le lierre tertiaire de la zone arctique reproduit le type du « lierre d'Irlande ; » celui du pliocène inférieur de Dernbach diffère très peu du lierre européen ordinaire, et les nombreuses empreintes recueillies dans les tufs toscans, dans ceux de Lipari, du midi de la France et des environs de Paris, font voir que, depuis des milliers d'années, le lierre indigène n'a plus changé de physionomie ni de caractères.

Le spectacle change dès qu'on quitte le lierre pour s'attacher à la vigne. Celle-ci fait partie d'une famille, celle des ampélidées, voisine du groupe des araliacées, auquel se rapporte le lierre, cosmopolite comme ce groupe et répandue également à travers toutes les zones. Mais, au point de vue particulier de « l'espèce » et de la vigne d'Europe comparée à ses congénères d'Asie ou d'Amérique, les ampélidées obéissent à une impulsion toute différente. Très fécondes, elles ne cessent, à partir de leur origine, de se subdiviser en multipliant jusqu'à la confusion les formes issues de dédoublement réitérés. Deux genres frères, celui des vignes propres et celui des « cissus, » grimpants l'un et l'autre, sarmenteux et nombreux en espèces variées, se constituent de bonne heure. Leur présence simultanée est constatée dans le paléocène de Sézanne ; l'intervalle qui les sépare est, à la vérité, encore peu sensible. Les feuilles de cette première vigne sont entières, dentées sur les bords, cordiformes à la base ; elles ont une tendance à devenir lobées sans l'être encore. Le genre vigne continue dès lors à se différencier ; il donne naissance, en se divisant, à plusieurs sections, à mesure que les espèces nouvellement formées s'étendent et se cantonnent. Les vignes au sens étroit du mot, ou « euvitis, » se distinguent des autres par certains caractères et une physionomie à part. Assez faiblement accentuées à l'origine, elles descendent probablement d'une espèce primitive, plus tard distribuée en races locales, cantonnées de préférence le long des cours d'eau, au fond des vallées agrestes et montagneuses.

La vigne ne s'est pas montrée jusqu'ici dans l'éocène des gypses d'Aix, région d'où l'excluait sans doute l'influence d'un climat trop sec et trop chaud. En revanche, le tertiaire de la zone arctique et le miocène d'Allemagne en offrent des vestiges. Les flores forestières et montagnardes du mont Charray en Ardèche et des cinérites du Cantal, qui appartiennent à un âge déjà plus récent, montrent des vignes qui rappellent plutôt les formes japonaises ou sud-asiatiques du groupe. Dans les tufs pliocènes de Provence, la vigne se montre en abondance ; elle ne s'écarte plus que par quelques nuances de notre vigne cultivée ; enfin, celle-ci abonde, avec des caractères et une physionomie impossibles à méconnaître, dans les tufs quaternaires du Midi de la France. Elle hantait alors l'abord des cours d'eau et le voisinage des cascades, à l'exemple de la vigne sauvage actuelle, désignée du nom de « lambrusque. » On voit au total, chez les vignes, que c'est à l'aide de modifications insensibles, en passant par des degrés successifs de diversification, en partant, si l'on veut, de la feuille entière pour aller aboutir à la feuille lobée, puis incisée, que l'espèce s'est dégagée à la longue, tout en demeurant elle-même plus ou moins variable et disposée à produire des races flottantes, faciles à s'allier entre elles par le métissage. C'est ainsi que les vignes de l'ancien monde et du nouveau rapprochées ont engendré promptement des races mêlées, que l'on s'efforce d'utiliser depuis plusieurs années en vue de la culture et sans avoir atteint, il est vrai, à des résultats décisifs, tellement il s'agit de formes étroitement enchaînées.

Il est maintenant possible, si l'on condense les traits épars de notre exposé, de saisir la notion de l'espèce végétale et le sens vrai des procédés d'où elle est sortie. C'est uniquement à l'aide du temps et à la faveur de dédoublements successifs que les races locales, d'abord flottantes, sont parvenues à établir et à consolider les nuances qui les distinguent, de manière à les transmettre héréditairement. Là se trouve la raison d'être des caractères spécifiques, voués à une stabilité au moins relative, ou même destinés à ne plus changer, à moins que l'influence d'un nouveau milieu ou de conditions biologiques différentes ne provoquent des changements ultérieurs et que ces changements ne parviennent à leur tour à se consolider et à se transmettre.

Tout dépend ainsi du degré de plasticité que conserve le type végétal sur lequel s'exerce l'influence venue de l'extérieur. Il est des types définitivement arrêtés et rigoureusement adaptés que les circonstances pourront bien éliminer ou seulement reléguer dans une aire d'habitation de plus en plus restreinte, mais qui, en revanche, ne sauraient jamais se plier à des modifications tant soit peu sensibles. Il en est d'autres qui restent au contraire susceptibles de varier dans une mesure plus ou moins large et à engendrer par cela même, à l'aide du temps, à l'aide surtout de l'action prolongée des phénomènes qui ont provoqué ces variations, de nouvelles espèces. Les végétaux, comme on se plaît parfois à le supposer, en attribuant une idée fausse aux adeptes du transformisme, n'ont jamais changé sans raison déterminante ni sans trêve et tous à la fois. Lorsqu'ils ont changé, c'est dans une mesure essentiellement inégale, sous l'impulsion des circonstances avec lesquelles ils étaient aux prises et selon les tendances inhérentes à chacun d'eux, tendances aussi variées que les combinaisons du plan et de la trame organiques sont elles-mêmes multipliées et extensibles.

Section IV.

ISBN : 978-1546489337

www.ingramcontent.com/pod-product-compliance
Lightning Source LLC
Chambersburg PA
CBHW061448180526
45170CB00004B/1618

* 9 7 8 1 5 4 6 4 8 9 3 3 7 *